하루하루의
물리학

사소한 일상이 물리가 되는 즐거움

하루하루의 물리학

이기진 글·그림

"물리? 생각보다 별거 없다니까!"

시공사

 서문

"물리학자가 되지 않았으면, 나는 지금 어떤 모습으로 살아가고 있을까?"

가끔 이런 바보 같은 생각이 들 때가 있다. 하지만 아무리 다양한 상상을 해봐도, 내게 아무리 많은 옷을 입혀봐도, 이 생각의 끝은 언제나 "그래, 물리학 하기를 잘했지."다. 어쩌면 자기 위안일지도 모르겠다. 나는 특별히 물리학만큼 잘하는 다른 것이 없으니 말이다. 그나마 물리학을 이만큼이라도 해서 다행이다. 안 그랬으면 지금 굶고 있을지도 모른다.

물리학은 세상에서 제일 쉽다. 누군가는 이 말이 재수 없다고 생각할지도 모르겠다. 하지만 나는 잘난 척을 하려는 것이 아니다. 이 세상에 내가 잘하는 무언가가 하나라도 있다는 것, 그리고 그 '유일한 무엇'으로부터 위안을 받을 수 있다는 사실 자체만으로도 마음이 한결 편해진다.

물리학은 지극히 개인적인 학문이다. 물리학은 삶의 철학이 될 수도 있고, 삶을 기록하는 방식이 될 수도 있으며, 내가 가진 사상의 지평선이 될 수도 있다. 다른 사람이 아닌 바로 내가 세상을 인식하고, 세상의 이치를 객관적으로 기록하고, 우주를 내다보는 방식. 바로 그것이 '나의 물리학'인 것이다.

그렇다면 나 이기진의 물리학은 언제 시작되었을까? 어떻게 보면 28년 전, 마이크로파 물리학을 공부하러 아르메니아공화국으로 떠나던 그 시점이 아닐까 싶다.

당시 아르메니아공화국은 전쟁 중이었으므로 그곳으로 가는 비행기편이 없어, 모스크바에서 기차를 타고 생면부지의 사람들과 일주일 동안 밤낮없이 달려야 했다. 기차가 종착지에 도착할 즈음, 나는 삶에서 가장 중요한 한 가지 결론을 내렸다.

"내가 어떤 삶을 만나든, 그 모든 삶이 더없이 중요하다는 사실을 잊지 말자."

나는 이런 결심을 안고 코카서스 산맥 아래 한적한 마을에 있는 전파물리학 연구소에서 겨울을 보냈다. 아르메니아공화국으로 향하는 일주일간의 기차 여행은 나의 물리학 인생에 엄청난 영향을 주었다. 이 여행을 마친 후 나는 저 높은 곳이 아니라, 나의 눈높이에서 만나는 충만감이 무엇인지를 알게 되었다.

그 이후부터는 내가 하고 있는 일을 사랑하게 되었다. 그리고 세상 어느 곳에 있어도 고독하지 않았다. 일하는 것도 그저 재미있었다. 나는 지금도 열심히, 재미있게 물리학을 공부하고 있다.

이 책을 읽을 학생들 또는 물리학에 대한 호기심을 가진 분들 역시 '나만의 물리학 이야기 만들기'를 시작했으면 좋겠다. 물리학을 취미로 하든, 전공으로 하든 상관없다. 물리는 단순히 세상을 바라보는 일상적 시선일 뿐이다.

물리학을 하면서 제일 행복한 순간은 사랑하는 두 딸 채린이와 하린이에게서 "아빠, 요즘 무슨 연구해?"라는 질문을 받았을 때다. 아, 하나 더 있다. 나의 대답에 이어서 "그게 뭔데?"라는 질문이 연속으로 나올 때면 세상을 다 가진 듯 행복하다.

이 책을 읽는 모든 독자들이 채린이와 하린이처럼 허물없이, 솔직하게 물리학에 대한 질문을 해주었으면 좋겠다. 질문은 어떤 것이라도 그 자체로 가치가 있다. 독자들의 질문을 받기 위해 페이스북 페이지

'하루하루의 물리학'도 개설했다. 앞으로는 좀 더 적극적으로 질문을 받을 생각이다. 나는 언제나 설레는 마음으로 여러분의 질문을 기다리고 있다.

2017년 6월

이기진

이 책의 맨 뒤에는 **'부록: 쉬운 용어 사전'**이 실려 있습니다. 본문 중 별표(*)로 표시된 단어를 만나면, 용어 사전에서 더 자세한 설명을 찾아보세요.

서문 • 4

1장 | 물리학, 일단 시작하자!

1 물리를 잘하는 법 • 14
2 어떤 사람이 물리학에 흥미를 느낄까? • 18
3 잘할 수 있다는 생각이 중요하다 • 22
4 노래를 부르듯이 물리학을 • 27
5 물리학은 벡터와 스칼라로 이야기한다 • 32

2장 | 개념을 알면 물리가 보인다

6 관성에 대한 물리학자의 생각 • 38
7 관성의 변화에는 시간이 필요하다 • 43
8 비행기 속에서 느끼는 관성 • 46
9 코페르니쿠스는 이렇게 말했다 • 52
10 질량과 무게, 같은 게 아니야? • 57
11 물리학으로 본 100미터 달리기 • 62

12 밀도에 대한 무서운 이야기 • 66

13 돌멩이는 왜 물에 가라앉고, 얼음은 왜 뜰까? • 71

14 물이 가득 찬 컵에 돌멩이를 넣으면 어떻게 될까? • 74

15 물속에서 바위를 들어 올리면? • 80

16 잠수함은 어떻게 물속을 오르내릴까? • 84

17 중력을 무시하는 힘 • 89

18 비행기는 어떻게 하늘을 날까? • 95

19 풍선은 어떻게 하늘을 자유롭게 날아다닐까? • 98

20 하늘에서 떨어지는 물체에는 어떤 일이 벌어질까? • 103

21 공중부양은 아무나 하나 • 107

22 무중력 상태에 대한 트라우마 • 111

23 롤러코스터의 물리학 • 115

24 하이힐과 슬리퍼가 만드는 압력 • 118

25 누구든 압력에서 벗어날 수 없다 • 122

26 바닷물 속의 잠수부가 받는 압력 • 127

27 물리학의 타이밍, 인생의 타이밍 • 130

28 모든 물질은 그 자체로 응축된 에너지다 • 133

29 다이어트에 대한 물리적 생각 • 136

30 소주 한 잔의 물리학 • 144

3장 | 우리 주변의 물리 이야기

- 31 비 오는 날에는 뛰지 마세요 • 150
- 32 온돌방 아랫목 위에서 느낀 물리학 • 156
- 33 양은 냄비가 라면 끓이는 데 제격인 이유 • 160
- 34 추위를 막아주는 오리털 파카의 비밀 • 166
- 35 중국집 주방장도 물리학자다 • 170
- 36 팬티에도 물리학이 존재한다 • 175
- 37 잠수함 안에서 숟가락을 떨어뜨린 군인 • 178
- 38 콘서트홀의 물리학 • 184
- 39 모차르트의 클라리넷 협주곡 • 188
- 40 지구가 자꾸 더워지고 있다 • 193
- 41 오존층과 지구 온난화 • 197
- 42 가솔린 엔진과 디젤 엔진 • 202
- 43 배기가스, 왜 심각한 문제일까? • 207
- 44 천연가스를 이용하는 버스 • 212
- 45 방귀에 물리학적으로 접근하기 • 215
- 46 방귀 뀔 때도 세금을 내라! • 220

47 배터리의 진화, 과학의 발전을 대변하다 • 225
48 우주 발전소도 꿈이 아니다 • 229
49 거짓말 탐지기를 믿을 수 있을까? • 235

4장 | 나와 물리학

50 나의 물리학 이야기 1 • 240
51 나의 물리학 이야기 2 • 244
52 나의 물리학 이야기 3 • 251
53 나의 물리학 이야기 4 • 256
54 나의 물리학 이야기 5 • 264

부록 | 쉬운 용어 사전 • 273

1장

물리학, 일단 시작하자!

물리를 잘하는 법

물리를 잘하는 법은 딱 하나다. '물리학*은 아주 쉽고, 나도 물리*를 잘할 수 있다'고 생각하는 것이다. 절대 물리가 어렵다고 생각하지 마라. 나는 모르는 것 빼고 다 안다고, 이 세상에는 내가 아는 것만 있다고 생각하라. 만약 모르는 것이 있으면 공부해서 알아내면 된다. 세상 모든 것에 능통할 수는 없고, 꼭 능통할 필요도 없다. 내가 가진 지식에 만족하고 자부심을 갖는 것이 중요하다. 물리학도 마찬가지다.

  가끔 주위 사람들에게 "물리학을 공부하고 있습니다"라고 하면 나를 신기하게 바라본다. 특히 모임에 처음 가서 "물리학을 전공하고 있습니다"라고 하면 "앗, 그 어려운 학문을!" 하면서 나를 별나라에서 온 외계인처럼 취급한다. 물리학을 전공하는 것이 그렇게도 신기한 일일까? 아니면 물리학이 신기할 정도로 힘들고 어려운 학문인 걸까?

사실 물리학은 어렵다. 매일 물리학의 세계에서 풀리지 않은 문제를 풀고 있는 나에게도 물리학은 버겁다. 우리가 아는 천재적인 물리학자들 역시 자신의 물리학 이론이 갖고 있는 모순에 얼마나 괴로워했던가? 나 역시 물리학의 버거움에 짓눌려, 가끔은 도망치고 싶다는 생각이 들기도 한다. 하지만 도망치지 못한다. 역설적으로 물리학이 나에게 너무 버거워서다. 만일 버겁지 않았으면 나는 분명히 다른 버거운 일을 찾아 떠났을 것이다. 인간은 어쨌든 도전할 일이 없이는 살아갈 수 없다.

내가 물리학을 하지 않았다면 무엇을 했을까? 레슬링 선수? 헤비메탈 로커? 야구 선수? 골동품상? 사실 어렸을 때부터 레슬링에 대해 막연한 환상을 갖고 있긴 했다. 박치기왕 김일 선수가 내 우상이었다. 그처럼 가면을 쓰고 링 위에서 뛰어다니며 거친 기술을 거는 것이 꿈이었다. 시합이 끝나고 링에서 내려오면 평범한 생활을 하고, 밤이 되면 또 연습을 하고, 그렇게 번 돈으로 어려운 사람을 남몰래 도와주고, 아이들을 초청해 경기를 관람하게 해주고…. 마치 영화 〈나초 리브레 Nacho Libre〉(2006)같이 말이다.

나는 아직 그 꿈을 갖고 있다. 하지만 레슬링처럼 거친 운동을 하기에는 체력이 달릴 것 같아 걱정이다. 만약 레슬링을 했다면 취미로 물리학자를 꿈꾸지 않았을까? 우리는 항상 삶의 채워지지 않는 부분에 집착하는 나쁜 경향이 있는 것 같다. 다시 말하지만, 물리를 잘하는 가장 손쉬운 방법은 "물리는 쉽고, 언제든지 물리를 시작하면 잘할 수 있다"는 배짱을 가지는 것이다. 마치 취미로 물리학을 즐기는 것처럼 말이다.

어떤 사람이 물리학에 흥미를 느낄까?

물리학에 흥미를 느끼는 사람들은 자연 현상 속의 법칙을 궁금해한다. 어떤 현상을 보면 그 이면을 보려고 하고, 현상 속에서 법칙이나 모델 비슷한 것을 만들려고 한다. 사물을 그냥 사물로 보지 않고 그 사물의 본질에 관심을 가진다. 빈 병일지라도 뚜껑을 열어보지 않고는 못 배긴다. 자동차의 모델에는 관심이 없고 그 메커니즘에 관심이 있다. 연비는 어떻고, 마력은 몇인가를 꼼꼼히 따진다.

의외로 우주의 생성에 대한 궁금증을 시작으로 물리학에 관심을 가지게 된 사람들이 많다. 어떻게 보면 물리학의 핵심은 우주다. 물리학자는 우주의 탄생과 소멸에 대해 알고 싶어 한다. 우주는 팽창하고 있을까, 아니면 수축하고 있을까? 우주의 빅뱅은 어떤 모습일까? 물리학은 우주의 기원이 어디이고, 우리가 어디서 왔으며, 지금 어디로 가고

있는지를 궁금해하는 것이다.

2012년, 우리나라에 61년 만에 개기일식*이 찾아왔다. 개기일식은 태양이 달에 의해 완전히 가려지는 현상을 말한다. 이런 현상을 그냥 하나의 뉴스거리로 생각하고 지나칠 수도 있지만, 조금만 흥미와 관심을 갖고 파고들면 우리가 사는 우주와 천체의 움직임을 직접 체험할 수 있다. 우주의 입체적인 움직임을 우리 눈으로 확인하는 것이다. 61년 만에 천체의 움직임에 대한 물리적 현상을 직접 체험한다는 것은 결코 흔한 일이 아니다. 평생 한 번의 기회이기 때문에 더 귀중하다.

이런 자연 현상에 약간의 관심을 두는 데서 물리학이 시작된다. 거창하게 개기일식을 계산하고 예측할 필요는 없다. 현상을 물리학적으로 계산하고 예측하는 일은 전문가의 몫이다. 시간도 아주 오래 걸린다. 요즘은 종이와 연필이 아니라 컴퓨터를 이용해 계산하긴 하지만, 아마도 슈퍼컴퓨터가 필요할 것이다. 초보자가 그런 계산을 하는 것은 어차피 불가능하다.

물리학을 시작하는 좋은 방법은 마치 취미처럼 작은 흥미를 갖는 것이다. 어렵게 시작해서 일찍 포기하느니 차라리 여지를 남겨두는 차원에서 천천히 시작하면 더 잘하게 될지도 모른다. 세상일이 억지로 되지 않듯, 물리도 억지로 되지 않는다.

잘할 수 있다는
생각이 중요하다

내가 물리학을 좋아하게 된 동기는 간단하다. 고등학교 1학년이 되어 정식으로 물리학을 배우기 시작한 때였다. 물리학 수업 첫 시간에는 벡터*와 스칼라*를 배운다. 힘이면 힘, 거리면 거리, 길이면 길이, 무게면 무게만 있는 줄 알았는데 물리적인 양들에 크기뿐만 아니라 방향도 존재한다는 것이었다. 지금까지 갖고 있었던 지식에 또 다른 차원이 생겼다. 새로운 개념을 접하니 더 큰 궁금증이 생겨났다. 그래서 수업에 더 집중했고, 덕분에 선생님이 수업 시간에 풀어보라고 한 문제를 그냥 쉽게 풀 수 있었다. 그런 나를 보고 선생님은 칭찬을 해주곤 했다. "와, 잘하는데!"

나는 칭찬에 으쓱했고, 더 열심히 공부를 했다. 나중에는 내가 정말 물리를 잘한다고 생각했다. 더 어려운 물리 문제에 도전해보고 싶은

생각에 수업 시간에 다루지 않는 문제들을 풀어보기도 했다. 그러면서 내심 '나는 물리를 잘해' 라는 생각을 항상 하고 있었다. 물론 전부 나의 착각이었다. 가끔 공부를 소홀히 할 때도 '나는 물리를 잘하니까!' 하는 자신감이 있었는데, 그것 또한 착각이었다. 그 당시 내가 잘해봐야 얼마나 잘했겠는가? 지금도 이렇게 모르는 것이 많아 끙끙거리면서 물리학을 공부하고 있는데 말이다.

지금 생각하면 고등학교 물리 선생님의 칭찬이 모든 것의 시발점이었다. 그 칭찬 한마디가 내게 자신감을 심어주고, 물리를 쉽게 보도록 도와준 것이다. 어떤 일을 하더라도 쉽게 생각해야 예상치 못한 성공과 가능성이 찾아온다. 어렵게 생각하면 아무것도 할 수 없다. 나는 지금도 이따금 내 어린 시절의 착각 같은 것이 필요하다고 생각한다.

하지만 시간이 지나고 나면, 처음엔 다 가능할 것 같고 쉬울 것 같았던 일도 만만치 않은 일이 된다. 하다가 어려움을 만날 때는 포기하고 싶은 생각이 든다. 산을 오르는 일을 예로 들 수 있다. 지치고 지쳤는데, 이제 겨우 산 중턱일 뿐이다. 그때 정상까지 오를 것인지, 아니면 그냥 내려갈 것인지를 고민하게 된다. 대부분의 사람들은 '여기까지 왔는데…' 하는 마음으로 정상까지 오른다.

나이 드신 분들이 컴퓨터를 쉽게 시작하지 못하는 것도 마찬가지다. 어렵게 생각하다 보니 자신감이 없어져서 그렇다. 컴퓨터를 켜는 일

자체가 두려운 것이다. 하지만 어린 학생들은 절대 그렇지 않다.

물리도 비슷하다. 물리는 쉽고, 나는 물리를 잘할 수 있다고 생각해야 한다. 어렵게 생각하면 아무것도 시작할 수 없다. 잘하고 못하는 문제를 떠나, 어린아이의 마음으로 물리를 시작하자. 잘하면 계속하고, 어렵고 힘들면 쉬었다가 다시 하자. 절대 겁먹을 필요가 없다.

노래를 부르듯이
물리학을

가수는 노래로 자신의 감성을 표현하고, 세상과 소통한다. 자신의 이야기를 가사와 멜로디로 대중에게 전하는 것이다. 또 춤으로 자신을 표현한다. 이때 춤을 그냥 추는 것이 아니라 노래에 맞춰 춘다. 어떤 형식적인 틀을 만들어주는 것이다. 노래마다 그 노래에 어울리는 춤이 있다. 물리학도 비슷하다. 이론이라는 틀 안에 실험이라는 안무가 있다. 이론과 실험은 서로 어울려야 한다.

음악이 노래와 안무를 통해 완성되듯, 물리학도 이론과 실험을 통해 완성된다. 물리학은 마치 노래를 부르는 가수와 같다. 사람들이 가수의 노래를 좋아하고 정서적으로 소통한다면 그 노래는 큰 공감을 가져온 것이다. 노래의 주제는 삶 속의 키워드로 구성된다. 사랑, 이별, 기다림, 눈물, 여행 등이다. 그중 사랑이 가장 많이 등장한다.

물리학 역시 중요한 키워드를 가지고 있다. 시간, 공간, 빛, 속도, 길이, 가속도, 열, 온도, 파장, 에너지, 원소, 원자 등이다. 물리적 현상을 이야기할 때는 이런 키워드를 조합해 설명하게 된다. 먼저 이론적인 계산을 통해 모델을 만들고, 실제 관측된 결과와 비교한다. 이론적 모델이 완벽하다면 실험의 결과를 포괄적으로 예측할 수 있다. 때로는 반대로 실험을 통해 이론을 만들기도 한다.

그러고 나서 이론이 어떤 분야에 해당되는지에 따라 주제별로 나눈다. 음악으로 치면 트롯, 발라드, 록, 힙합 등의 장르다. 물리학은 크게 이론물리학*과 실험물리학으로 나뉘며, 그 안에서도 핵물리, 열물리, 저온물리, 나노물리, 생명물리 등으로 세분할 수 있다.

가수가 자신의 곡을 통해 멜로디와 가사를 노래하듯, 물리학자 역시 논문이라는 형식을 통해 자신의 물리적 이론을 세상에 보여준다. 물론 다른 물리학자들이 어떤 일을 했는지도 논문을 갖고 평가한다. 물리학에서 논문은 소통의 결정체다.

그렇다면 인기 가요가 있듯이 인기 논문도 있을까? 물론 있다. 새로운 연구 결과는 물리학자를 열광시킨다. 한 예로 뢴트겐Wihelm Konrad Röntgen이 발표한 엑스레이X-ray*에 대한 논문을 들 수 있다. 이 한 편의 논문이 출판된 후 1년 사이에 뢴트겐의 논문을 인용한 논문이 1,000편 이상 발표되었다. 당시 전 세계 대부분의 과학자가 유행처럼 엑스레이에 대해 연구를 한 것이다. 인기 가요 중의 인기 가요다. 비틀스의 열풍과 비교해도 되는지는 모르겠지만, 좋은 논문도 좋은 노래처럼 열풍을 만들고 세상을 열광시킨다.

5. 물리학은 벡터와 스칼라로 이야기한다

우리의 삶은 복잡하다. 매 순간 뭔가를 결정해야 한다. 한 끼의 점심을 먹는 데도 결정할 사항이 많다. 어느 지역으로 갈까? 무엇을 먹을까? 얼마나 먹을까? 얼마짜리를 먹을까? 일을 할 때도 어떤 방법을 사용해 어떤 속도로 일을 해치워야 할지를 고민한다. 출근을 할 때도 몇 시에 일어날지, 몇 시에 집을 나설지, 어떤 길로 갈지를 결정해야 한다.

이런 일상의 부산한 움직임들을 말로 설명하려 한다면, 사람마다 다른 표현을 사용할 것이다. 사투리까지 쓸지도 모른다. 만약 나라마다 다른 언어로 설명한다면 문제는 더 복잡해진다. 뭔가 간단히 설명할 수 있는 방법이 없을까? 감정이나 속사정은 다 빼버리고, 겉으로 드러나는 현상만 기술할 수는 없을까? 물리학에는 그럴 수 있는 방법이 있다. '벡터'와 '스칼라'라는 언어를 사용하면 된다.

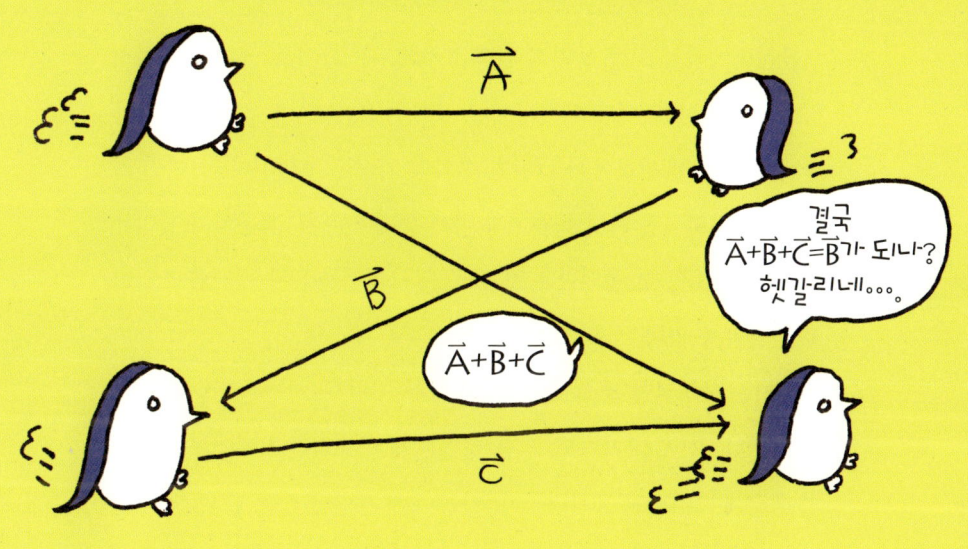

물리학은 간단한 수학적 표현을 좋아한다. 너무 간단하게 만들어놓아서 구체적인 부분은 잃어버렸을 수도 있다. 사람에 따라 단순한 표현을 더 어렵게 느낄 수도 있을 것이다. 하지만 물리학을 세상의 모든 사람이 이해하고 쓰게 해주기 위해서는 법칙으로 만들어 단순화할 필요가 있다. 그러려면 간단한 수학으로 나타내야 한다.

물리학에서는 모든 물리적 현상을 '방향'과 '크기'로 규정한 물리적 양으로 설명한다. 이때 벡터와 스칼라가 등장한다. 이 두 개념을 사용하면 모든 물체의 운동이 간단한 수학적 기술로 설명된다. 공이 날아가는 것, 지하철을 타고 목적지를 향해 움직이는 것, 자동차가 달리는 것, 내가 짐을 들고 움직이는 것 등 모든 물리적 상황을 벡터와 스칼라로 설명할 수 있다.

벡터는 물리적인 양 외에 방향성도 가지지만, 스칼라는 단순히 크기만 가진다. 속도*나 가속도* 같은 것들은 방향에 따른 움직임을 나타내기 때문에 벡터적인 물리량이다. 가령 내가 부산을 향해 갈 때 벡터 방향은 부산이고, 내 자동차의 속력*은 스칼라가 되는 것이다. 화살이 날아갈 때 화살촉이 가리키는 방향은 벡터고 화살이 날아가는 속력은 스칼라다. 그래서 벡터와 스칼라를 표현할 때는 보통 화살표를 사용한다. 벡터와 스칼라만 있으면 물리학은 아주 쉽고 간단해진다.

2장
개념을 알면 물리가 보인다

관성에 대한 물리학자의 생각

세 살 버릇 여든까지 간다는 속담이 있다. 한번 몸에 밴 버릇이나 습관은 쉽게 바뀌지 않는다는 이야기다. 즉 하나의 습관을 만드는 데도 시간이 필요하지만, 그 습관을 고치는 데는 더 많은 시간이 필요하다는 의미다. 물리학에서는 습관을 관성*이라고 부른다. 외부의 힘*이 가해지지 않는 한, 물체는 자기가 하던 움직임을 계속 하려고 한다. 버스가 멈출 때 안에 앉아 있던 사람의 몸이 앞으로 쏠리는 것이 대표적인 관성의 사례다. 사람의 몸은 앞으로 가는 움직임을 계속 하려고 하기 때문이다.

내가 갖고 있는 오래된 습관 중 하나는 오른손으로 밥을 먹고 글을 쓰는 것이다. 만약 이 습관을 완전히 바꿔 왼손잡이처럼 왼손으로 밥을 먹고 글을 쓰려면 얼마나 많은 시간이 지나야 할까? 아마도 몇 년은

고생할 것이다. 아니면 절대로 불가능할 수도 있다. 어느 정도 비슷하게 흉내 낼 수는 있을지 모르지만 지금 오른손으로 하는 것처럼 능수능란하게 젓가락으로 콩알을 집을 수는 없을 것이다.

내가 갖고 있는 또 하나의 오래된 습관은 학교에서 들고 간 가방을 집에서 열어보지도 않고 그대로 두었다가 다시 학교로 들고 간다는 것이다. 이런 습관은 초등학교 때부터 시작되었다. 가방 속에 있던 도시락을 내놓지 않고 다음 날 다시 들고 간 적도 여러 번 있다. 교수가 되어서도 변함이 없다. 일이 많을 때는 배낭과 보조 가방을 갖고 집에 가지만, 집에 가면 거들떠보지 않고 다른 일을 하다가 그다음 날 자연스럽게 다시 갖고 온다.

이런 습관이 나에게만 있는 줄 알았는데, 의외로 내 주위 사람에게도 많았다. 괜히 가방을 집에 갖고 가는 습관 말이다. 친한 후배 교수는 내가 보기에도 중증이다. 매일 노트북이 든 가방은 기본이고, 보조 가방에 작업하던 논문과 서류 뭉치를 넣어 퇴근한다. 한번은 "집에서 또 공부해요?" 하고 물어보니, 그건 아닌데 안 갖고 가면 불안해서 잠이 안 온단다. 이 정도면 심각하다.

나도 최근에는 가방을 안 갖고 다닐 수는 없고 해서 되도록이면 가볍게 들고 다니려고 노력한다. 그래도 이런 삶의 관성은 남에게 피해는 주지 않으니 다행이다. 술버릇이 고약하다든지, 아랫사람을 함부로

대하는 버릇이 있다든지, 잠버릇이 심해서 밤에 몽유병 환자처럼 돌아다닌다든지 하면 곤란하다.

아무튼 물리학의 관성은 우리 삶에도 적용된다. 변화를 만들어주는 요인이 생기지 않는 한 물리적 현상도, 우리의 삶도 계속 같은 방향으로 흘러간다.

관성의 변화에는
시간이 필요하다

유조선이 가던 방향을 90도 바꾸기 위해서는 엔진을 끄고 8킬로미터를 더 가야 한다. 무게가 더 나가는 항공모함이라면 이보다 많은 시간과 거리가 필요할 것이다. 무거운 물체일수록 쉽게 방향을 바꿀 수 없기 때문이다.

자기가 가던 방향을 바꾸기 위해서는 또 다른 강력한 힘이 필요하다. 여기서 등장하는 물리 용어가 바로 관성이다. 관성의 핵심은 변하지 않고 가던 길을 계속 가려는 성질이다.

자동차 브레이크를 밟으면 그 자리에서 바로 멈추는 것이 아니라, 요란한 소리를 내고는 앞으로 조금 더 나아가다가 멈춘다. 자동차 입장에서는 달리는 것을 갑자기 멈추라고 브레이크를 밟으니 일단 멈춰야 하겠는데, 어느 정도 속도를 줄여줘야 멈출 수 있는 것이다.

만약 자동차보다 더 큰 몸체를 가진 트럭이라면 브레이크를 밟았을 때 자동차보다 더 많은 시간과 긴 거리가 필요하다. 그만큼 무게가 많이 나가니 당연한 일이다. 커다란 유조선이 쉽게 멈출 수 없는 원리가 여기에 있다.

우주를 비행하는 물체는 자신의 방향을 바꾸기가 더 어렵다. 우주 공간에는 공기가 없어서 비행을 반대하는 저항*의 힘이 없기 때문이다. 공기 속의 입자들이 비행하는 물체에 부딪혀 저항을 만드는데, 이런 저항이 없으니 쉽게 멈출 수 없는 것이다.

우주선을 수리하기 위해 우주선 밖으로 나왔을 때, 망치를 휘두르다가 그만 놓쳐버렸다고 가정해보자. 아마 망치는 계속 빙글빙글 회전하면서 우주 끝까지 날아갈 것이다. 망치의 행적은 아무도 예측할 수 없지만, 어딘가에 부딪힐 때까지 계속 날아갈 것이다.

예전에 공상과학 영화에서, 우주 장례식을 치르는 장면을 본 적이 있다. 우주선 밖으로 동료의 시체를 힘껏 밀어내는 장면이었다. 그러면 죽은 사람은 끝없이 우주 밖으로 날아갈 것이다. 망치가 그랬던 것처럼, 어딘가에 부딪혀 멈추게 될 때까지 계속 날아갈 것이다. 그것이 바로 관성이다. 관성을 변화시킬 수 있는 것은 충분한 물리적 힘과 시간뿐이다.

비행기 속에서
느끼는 관성

구소련이 무너지기 전에 모스크바 공항에서 비행기를 타고 아르메니아공화국으로 간 적이 있다. 1990년대 초의 일이다. 당시 구소련의 항공기는 지금처럼 보잉이나 에어버스가 아니었다. 소련이 자체적으로 만든 일류신Il'yushin 비행기가 전부였다.

  일류신 비행기야 우주선을 띄울 만큼 앞선 기술을 사용해 만들어졌으므로 그 성능이나 항공 기술은 훌륭했지만, 다른 문제가 있었다. 서비스가 아주 형편없다는 점이었다. 하나의 예를 들자면, 승객들이 비행장 활주로에 서 있는 비행기까지 직접 자기 짐을 들고 가야만 했다. 비행기가 좀 먼 곳에 있으면 버스를 타고 이동할 수 있었지만, 그렇지 않으면 어김없이 승객이 직접 짐을 들어야 했다.

  승객이 활주로를 가로질러 비행기까지 걸어간다는 건 아주 형편없

는 서비스다. 한겨울에 무거운 짐을 끌고 비행기를 향해 눈보라 치는 활주로를 걷는 무리를 상상해보라. 그것도 한밤중에 말이다. 톨스토이의 《안나 카레니나 Anna Karenina》 속 한 장면이 떠오를 것이다.

더구나 당시는 비행기가 출발하는 시각이 매우 불규칙해서, 어떤 경우에는 하루 이틀은 으레 비행기가 뜰 때까지 터미널에서 무작정 기다려야 했다. 언제 비행기가 출발할지, 언제 체크인을 시작할지 아무도 몰랐다. 얼마 전에 모스크바 공항에 다시 가봤는데, 어두컴컴한 조명과 불친절한 승무원 등 그때와 달라진 건 거의 없었다.

그건 그렇고, 비행기가 출발한다는 소리가 들리자 터미널 여기저기서 기다리고 있던 사람들이 창구로 일시에 몰려들어 북새통을 이루었다. 이런 때 허둥지둥하다 보면 뒤로 밀려나게 된다. 그때 내가 그랬다. 무거운 짐을 끌고 제일 늦게 비행기에 오른 내가 아래층에 짐을 내려놓고 좌석이 있는 2층으로 올라가 보니, 남은 좌석이 하나도 없었다. 아뿔싸. 하는 수 없이 2층으로 통하는 계단에 서 있었다.

잠시 후 비행기가 서서히 활주로를 달리기 시작했다. 나처럼 좌석이 없어 엉거주춤 서 있는 사람이 몇 명 더 있었다. 안전벨트도 없이 활주로를 달리는 비행기 안에서 불안하게 좌우를 두리번거리는 모습을 상상해보라.

그런데 신기한 일은, 어느 누구도 좌석이 없다고 불평하지 않는다는

것이었다. 으레 그렇다는 듯 모두 태평한 얼굴이었다. 비행기가 활주로를 벗어나 하늘로 비상하자, 승객들이 갑자기 분주히 움직이기 시작했다. 각자 미리 준비해 온 음식을 먹기 위해서였다. 어떤 사람은 살라미 소시지에 보드카를 마셨고, 누군가는 푸석푸석한 빵을 우걱우걱 씹었다.

비행기가 날 때의 관성이 작아서인지, 아니면 조종사의 능력이 출중해서인지 이륙하는 동안 충격은 적었다. 몸이 중력*에 의해 약간 뒤로 밀리는 듯한 느낌이었지만 얼마쯤 날자 지상에서와 같은 평온이 찾아왔다.

문제는 착륙할 때 일어났다. 비행기가 착륙한다고 알리자 좌석에 있던 사람들은 각자 자기 자리에서 차분히 기다렸지만, 나는 2층으로 통하는 계단에 앉아 착륙을 기다렸다. 마침내 비행기가 지상에 당도하고 바퀴가 활주로에 닿자, 관성으로 인해 승객들이 앞으로 튕겨 나갔다.

나도 몸이 밀려났지만 계단 벽을 꽉 움켜잡고 있었더니 큰 문제는 없었다. 하지만 복도에 놓여 있던 짐들과 함께 몇 사람이 우르르 앞으로 굴러 넘어졌다. 다들 보드카를 한 잔씩 해서 그랬는지도 모르겠다. 어쨌든 관성의 힘에 의해 사람과 짐 들이 복도에 그대로 내동댕이쳐졌다. 버스나 차에서 안전벨트를 하지 않고 있다가 몸이 앞으로 쏠리거나 앞 좌석에 부딪치는 건 몰라도 비행기에서 그런 걸 보는 경험은 처음이었다.

 목적지에 도착하자 사람들은 아래층 복도로 우르르 몰려나가 저마다 자기 짐을 챙기고는 다시 활주로를 걸어 공항 터미널로 빠져나갔다. 그런데 비행기 안에서 멍하게 앉아 있다가 본의 아니게 복도에 몸을 던지게 된 그 사람들은, 이 모든 게 관성의 법칙 때문이라는 걸 이해했을까?

9
코페르니쿠스는 이렇게 말했다

코페르니쿠스가 "지구는 움직인다!"라고 외치던 16세기, 그 당시에는 물리학이 지금처럼 모든 것을 설명할 수 없었다. 그가 주장한 지동설은 당시의 상식과 상상을 한참 벗어난 것이었다.

코페르니쿠스 지동설의 핵심은 '지구가 태양을 중심으로 1초에 30킬로미터씩 움직이고 있다'는 것이었다. 하지만 당시 코페르니쿠스의 이야기는 그야말로 커다란 논란거리였다. 그때까지의 상식에 얽매여 있던 사람들이 코페르니쿠스를 공격하기 위해 많은 이론을 만들어냈는데, 일부 지식인들은 다음과 같은 가설을 세웠다.

만약 새가 높은 나무 위에 앉아 있다가 땅 위에 있는 벌레를 잡기 위해 수직으로 날아 내려온다면, 새가 나는 1초 동안 지구가 30킬로미터를 움직이므로 땅 위에 있던 벌레는 이미 30킬로미터를 이동한 지점에

있을 것이다.

벌레를 잡기 위해 새가 1초에 30킬로미터를 날 수는 없으므로, 그 새는 절대 벌레를 잡을 수 없다. 하지만 현실은 그렇지 않다. 새는 사뿐히 벌레를 잡고는 나뭇가지에 있는 둥지로 다시 날아 올라간다. 이런 일은 지구가 움직이고 있다면 결코 일어날 수 없는 일이므로 코페르니쿠스의 지동설은 틀렸다.

또 다른 가설을 보자. 여기 시속 70킬로미터로 달리는 버스가 있다. 이 버스에서 살짝 뛴다고 하자. 우리가 공중에 머무는 동안 차는 그대로 달리고 있으므로, 버스의 뒷부분이 달려와 몸에 부딪힐 것이다.

그런데 현실에서는, 버스에서 뛴다면 뛴 자리에 그대로 떨어진다. 달리는 버스에서 작은 물건을 던져봐도 그냥 내 손에 떨어진다. 버스가 달리고 있기 때문에 물건은 뒤쪽에 떨어져야 정상이지만, 그런 일은 일어나지 않는 것이다.

얼핏 들어보면 그럴듯하다. 하지만 관성을 이해한다면 위의 두 가설이 틀렸다는 사실을 금방 알 수 있다. 이런 현상은 코페르니쿠스의 지동설이 틀렸다는 증거가 아니다. 모두 관성의 법칙 때문이다. 공중을 나는 새는 지구와 함께 30킬로미터로 움직이고 있다. 물론 나무도, 나뭇가지에 앉아 있는 새도, 땅 위에서 기어 다니는 벌레도, 심지어 그 모든 것을 에워싸고 있는 공기까지도 모두 30킬로미터로 움직이고 있다.

달리는 버스 안에서 허공에 뛰어오른 사람이나 버스 안에서 던진 작은 물건은 버스나 나와 함께 관성을 유지한다. 세상의 모든 것은 방해하는 힘이 없으면 자기가 하던 움직임을 지속한다. 그것이 바로 관성의 힘이다.

하지만 지구상에서는 마찰과 같은 다른 힘이 관성을 방해하는 힘으로 작용하기 때문에 관성이 곧잘 깨진다. 버스 안에서 휴대전화를 던지면 내 손으로 떨어지지만, 창 밖에서 던지면 날아가버린다. 공기의 저항이 존재하기 때문이다. 세상의 모든 이치가 그렇듯, 저항의 힘은 항상 관성을 깬다.

관성은 물리적 현상으로만 존재하는 게 아니다. 사회적으로도 관성이 존재한다. 우리나라가 완전히 민주화되기까지는 30년이 넘는 세월이 걸렸다. 물론 독재자들이 부정선거를 자행한 결과이기는 하지만, 대통령 직선제가 시행된 뒤에도 완전한 문민정부가 들어서기까지는 꽤 오랜 시간이 걸렸다. 이는 시대를 관통하고 있는 사회적 관성 때문이었다. 기득권을 유지하려는 힘이 관성으로 작용한 것이다.

물론 이러한 관성을 깬 것은 저항의 힘이었다. 민주화를 염원하는 국민의 저항, 국민의 힘이 관성을 무너뜨렸던 것이다.

질량과 무게,
같은 게 아니야?

내 키에 정상적인 몸무게는 65킬로그램이다. 얼마 전까지는 68킬로그램이나 나갔었는데 운동을 주기적으로 해서 다시 몸무게를 줄였다. 체질적으로 살이 찌게 되어 있는 사람이 있긴 하지만, 대부분의 사람들은 많이 먹고 운동을 안 하면 배가 나오고 몸무게가 늘어난다. 나는 방학 때 살이 쪘다가, 학기가 시작되면 살이 서서히 빠지기 시작한다. 학기 말이 되면 좀 허할 정도로 살이 빠지곤 한다. 체력을 보강하려면 방학을 기다려야 한다.

상대방에게 몸무게가 얼마냐는 질문을 할 때, 우리는 그 사람의 '무게'가 궁금한 것이다. 그런데 물리학에는 '질량'이란 것도 있다. 무게와 질량 사이에는 어떤 차이가 있을까?

무게*는 지구 위에서 그 물체의 질량*에 대한 중력을 나타낸다. 지

구보다 작은 중력을 갖는 다른 별에서 몸무게를 잰다면 무게가 덜 나갈 것이다. 예를 들어 달에서 몸무게를 잰다면 지구에서 쟀던 무게의 1/6에 불과할 것이다. 달의 중력은 지구 중력의 1/6밖에 안 되기 때문이다. 반대로 지구보다 중력이 더 큰 별에서는 무게가 더 나갈 것이다. 그렇다면 중력이 0인 곳에서 무게를 재면 어떻게 될까? 지구와 달 사이의 공간에는 지구의 중력과 달의 중력이 서로 상쇄되는 곳이 있다. 그곳에서 무게를 잰다면 질량을 가진 모든 물체의 무게는 0일 것이다.

하지만 모든 물체는 자신의 고유한 질량을 가진다. 질량은 물질을 구성하는 기본적인 양을 말하기 때문이다. 물리학적으로 어렵게 이야기하자면 외부의 영향에 반응하는 물체의 관성과 같은 것이다.

부피*는 어떨까? 우주에서 몸무게를 잰다면 당연히 지구에서보다 줄어들겠지만 반대로 부피는 커진다. 키도 커지고 얼굴도 빵빵해진다. 지구에서 1의 중력이 잡아당겼던 몸 구석구석을 달은 1/6만큼만 잡아당기니 압력*이 낮아진 풍선처럼 늘어날 것이다. 당연히 뼈마디도 늘어나 키가 커진다. 몸무게가 줄어드니 움직일 때, 무거운 물체를 옮길 때, 걸을 때 지구에서보다 힘이 덜 들게 된다. 공중 점프도 지구에서보다 훨씬 잘할 수 있다.

하지만 좋은 점만 있는 것은 아니다. 지구에서만큼 힘을 안 쓰고 일

을 안 하니 근육이 퇴화한다. 근육이 슬금슬금 없어지고 뼈만 남는다. 외계인처럼 말이다. 만약 외계인이 지구에 온다면 그도 무척 힘들 것이다. 갑자기 중력이 늘어나니 몸무게를 지탱하기 위해 다리가 짧아질 것이고 피부는 ET처럼 쭈글쭈글해질 것이다. 스티븐 스필버그Steven Spielberg 감독이 만들어낸 ET의 모습은 상상력의 산물이지만, 물리적으로 볼 때 터무니없는 상상은 아니다. 생각해보니 정말 상상력이 대단한 사람이다.

11 물리학으로 본 100미터 달리기

내가 알고 있던 100미터 달리기 신기록이 깨졌다는 소식을 들었다. 불가능했던 일이 가능해진 것인지, 원래 가능한 일이었는데 인간이 그 숨겨진 가능성을 찾아낸 것인지 모르겠다. 하여튼 정말 대단한 일이다.

소식을 듣고 나서 어떤 사람이 물리적으로 단거리 경기에 유리할지 생각해봤다. 키가 큰 사람, 키가 작은 사람, 통통한 사람, 마른 사람… 어떤 특징이 제일 중요할까? 물론 좋은 조건만 합쳐놓는 것이 최선이겠지만, 그중에서도 가장 중요한 특징이 무엇일까?

먼저, 키가 크고 다리 폭이 큰 사람이 유리할 것 같다. 펭귄과 타조가 달리기 경기를 한다면 타조가 월등히 유리할 것이다. 펭귄이 다리를 아무리 빨리 움직인다고 해도 타조의 다리 폭을 생각하면 역부족일 테니 말이다.

그다음 중요해 보이는 것은 몸무게다. 몸무게가 작은 사람과 큰 사람은 분명 차이가 있다. 달리기 시작하는 순간의 초기 가속도는 분명 몸무게가 작은 사람이 클 것이다. 즉 정지해 있다가 출발해야 하는 상황에서 몸무게가 작은 사람은 더 빠르게 출발할 수 있다.

가속도는 매우 중요하다. 100미터 달리기에서 이기려면 최고의 속도에 가장 빠르게 도달해야 하기 때문이다. 같은 힘으로 달릴 때 몸무게가 큰 사람은 몸무게가 작은 사람보다 가속도가 떨어지게 되어 있다. 가속도의 크기는 힘뿐만 아니라 몸의 질량과 직접 연관되기 때문이다. 같은 힘일 때 질량이 두 배인 사람의 가속도는 절반이 된다. 세 배라면 가속도가 1/3로 줄어든다. 그러니 몸무게가 가벼울수록 쉽게 가속되는 것이다.

그다음은 힘이다. 다리 근육의 힘을 이용해 앞으로 달리면 힘의 방향으로 가속된다. 시간이 지나면서 물체의 속력이 증가하고, 가속도가 증가한다. 이후에는 100미터를 달리는 동안 자신의 힘을 어떻게 안배할 것인지가 중요하다. 출발선상에서 힘을 써서 가속도를 낼 것인가, 아니면 출발은 조금 늦더라도 마지막에 가속도를 낼 것인가, 그것도 아니면 중간에 힘을 써서 가속을 할 것인가?

겨우 10초 안에 이런 것들을 결정해야 하다니! 100미터 달리기는 정말 어려운 경기임에 틀림없다. 그냥 달리는 것도 힘든데 옆에서 같이

달리는 선수를 의식해야 하고, 순간적으로 그 선수를 따돌려야 한다. 물리적 측면만 봐도 100미터 달리기 세계 신기록 보유자는 위대하다. 달리기는 그냥 달리는 문제가 아니다. 역학 문제가 전부 포함된 물리학의 결정체다.

밀도에 대한
무서운 이야기

인구 밀도가 높은 도시와 한적한 시골이 있다면, 어디를 선택하는 것이 좋을까? 나는 한적한 곳보다는 밀도가 높은 곳을 좋아한다. 뭔가 응축되어 있는 공간과 시간이 좋기 때문이다. 이태원을 어슬렁거리다 보면 인간들이 만들어내는 변화를 느낄 수 있어 좋다.

물리학에서 밀도*는 어떤 부피에 얼마만큼의 질량이 있는지를 이야기할 때 등장한다. 공간에 여유가 있다면 밀도가 낮은 것이고, 뭔가로 꽉 차 있다면 밀도가 높은 것이다. 풍선 속에 물을 넣느냐 공기를 채우느냐에 따라 물리학적으로 달라지는 것이 있다면 첫째는 무게, 둘째는 밀도다. 밀도는 풍선이라는 부피 속에 얼마나 무거운 물체가 채워져 있는지를 말하는 것이기 때문이다.

풍선에 공기보다 가벼운 헬륨 가스를 채운다면 당연히 밀도가 낮아

박사님,
밀도가 높은 클럽을
좋아하시는 이유가
뭔가요?

윽

진다. 그러면 대기 속에 있는 공기의 압력에 의해 부력*을 받게 된다. 여기에 공기에 대한 부력도 있다. 따라서 풍선은 공기의 밀도가 낮은 하늘로 떠오르게 된다.

공기의 밀도는 하늘 위로 올라갈수록 작아진다. 헬륨을 넣은 풍선은 바람을 타고 멀리 멀리 날아가겠지만, 높이 올라갈수록 주위 압력이 낮아지므로 결국에는 터지고 말 것이다.

다른 이야기지만, 나에게 있어 인구 밀도가 만든 최악의 상황은 지하철 2호선 신도림역에 있을 때였다. 친구가 사는 구로동에 가기 위해서는 신도림역에서 1호선으로 갈아타야 했다. 환승하는 곳으로 이동하려는데, 밀려오는 사람들 때문에 지하철 계단에 멈춰 서버리고 말았다. 움직일 수도 없는 상황이었다. 출근길을 재촉하는 남녀가 뒤엉켜 꼼짝도 할 수 없는 데다, 가방 때문에 손을 모을 수도 없이 그냥 서 있어야만 했다.

그렇게 5분이 지나자 머리가 멍해졌다. 다음 열차가 도착하자 푸시맨들이 차량 안으로 사람들을 짐짝처럼 밀어 넣었다. 닫히지 않는 문을 여러 번 닫았다 열었다 하면서 매달린 사람들을 털어내고는, 드디어 전동차가 출발했다. 나는 그 후부터 밀집된 인구에 대한 트라우마가 생겼다.

인터넷에서 어떤 여성이 "아주 작은 자동차를 가진 사람이라고 하더

라도, 내가 출근길 지하철의 공포에서 벗어나게 해주기만 한다면 나는 그 사람을 사랑할 수 있을 것 같다"라고 쓴 글을 읽은 적이 있다. 남의 일 같지 않았다. 지금은 그 여성이 출근길 지하철의 공포에서 벗어나 있기를 진정으로 바란다.

돌멩이는 왜 물에 가라앉고, 얼음은 왜 뜰까?

북극의 빙산은 왜 가라앉지 않을까? 빙산은 당연히 엄청나게 무겁다. 버스만 한 빙산 덩어리라고 하면 아마 5톤은 될 것이다. 그런데 어떻게 물 위에 둥둥 떠 있는 걸까?

얼음의 밀도가 물보다 작기 때문이다. 밀도는 부피에 따른 질량이므로, 부피가 늘거나 질량이 작아지면 밀도가 작아진다. 물은 얼음이 되면서 부피가 늘어난다. 겨울에 수도관이 얼면 터지는 이치와 같다. 수도관 속의 물이 얼어서 부피가 늘어난 것이다. 얼음의 부피가 커졌으므로 밀도가 작아진다

물은 빙산을 부력의 힘으로 밀어낸다. 빙산은 무게와 부피에 해당되는 만큼 부력을 받는데, 부력의 크기는 빙산을 둘러싸고 있는 액체인 물의 밀도와 관련이 깊다. 물이 밀어내는 힘이 곧 빙산이 받는 힘이기

때문이다. 따라서 빙산은 중력과 부력이 일치되는 면만큼 수면에 떠 있게 된다. 흔히 '빙산의 일각'이라는 말이 있는 것처럼, 사실 빙산의 90퍼센트는 물에 잠겨 있다. 우리가 보는 빙산은 아주 작은 면적이다.

그렇다면 어떤 물체가 가라앉을까? 물속에 잠긴 물체의 밀도가 물의 밀도보다 크면 가라앉는다. 물보다 물체의 밀도가 작으면 당연히 떠오른다. 밀도가 같다면 가라앉거나 떠오르지 않는다. 구명조끼도 부력을 이용한 사례. 구명조끼는 가벼운 스티로폼으로 채워져 있기 때문에, 부피를 늘리고 밀도를 줄여준다.

다른 이야기지만, 난 얼음이 들어간 물을 좋아한다. 연구실에도 얼음을 만들 수 있는 정수기를 설치해놓았다. 집에서는 얼음을 사다 먹는다. 얼음은 물의 온도를 떨어뜨려 물속에 있는 화학 성분의 증발*을 막는다. 그래서 물에 얼음을 넣으면 냄새 없이 마시기 좋다.

하지만 무엇보다 찬물은 미지근한 물보다 혀의 미각을 긴장시킨다. 다시 말해 내가 물을 마시고 있다는 인식을 확실히 해준다. 나는 살면서 내가 하고 있는 행위에 대해 인식하는 순간 존재감을 느낀다.

물이 가득 찬 컵에 돌멩이를 넣으면 어떻게 될까?

　가끔 만화에서 이런 장면을 볼 수 있다. 뚱뚱한 사람이 물이 가득 찬 목욕탕에 몸을 담그자, 물이 폭포처럼 흘러넘친다. 그가 탕에서 나가고 나서 보면 가득 차 있던 물이 반으로 줄어들어 있다.

　목욕탕에서 넘치는 물의 양은 정확히 그 사람의 부피와 같다. 당연히 뚱뚱한 사람은 물이 많이 넘치고 마른 사람은 물이 별로 넘치지 않는다. 그렇다면 물이 가득 찬 컵에 돌멩이를 넣으면 어떨까? 당연히 돌멩이는 가라앉고 돌의 부피만큼 물이 넘친다. 큰 돌은 작은 돌에 비해 더 많은 물이 넘칠 것이다.

　부피는 같고 무게가 다른 돌멩이라면 어떨까? 들어간 물체의 부피와 똑같은 양의 물이 넘칠 것이다. 무게와는 상관없다는 뜻이다. 이런 현상을 이용해 모르는 물체의 부피를 알아내기도 한다. 사각형이나 원

구, 원뿔은 자로 치수를 재서 쉽게 부피를 계산할 수 있지만 울퉁불퉁한 플라스틱 공룡 장난감의 경우는 쉽지 않다. 이럴 때는 물속에 장난감을 담그고, 넘친 물의 부피를 재보면 된다.

물속에 들어가면 가라앉는 사람이 있고, 뜨는 사람이 있다. 그렇다면 어떤 사람이 잘 가라앉고, 어떤 사람이 잘 뜰까? 물속에서 사람이 뜨는 것은 부력에 의해서다. 물속에 잠긴 물체의 부력은 물체의 부피에 따라 변한다. 또한 물의 밀도에 대해 물속 물체의 밀도가 어떤 관계를 갖는지가 중요하다.

좀 다른 이야기지만, 난 집안에서 물고기를 키우는 수조를 싫어한다. 가끔 남의 집에 초대되어 갔다가 수조를 보면 현기증을 느낀다. 특히 형광등을 켜놓은 수조에서 물방울이 올라오는 소리가 나고 작은 물고기들이 바삐 움직이는 것을 보면 눈이 아프고 현기증이 심해진다. 괜한 걱정이지만, 만약 잘못해서 수조의 유리가 깨진다면 어떻게 될까? 물이 가득 찬 수조는 물의 무게만큼 압력이 가해지는 상태인데, 작은 충격으로 인해 유리에 금이 가고, 금이 간 유리에 물의 압력이 가해진다면? 아! 너무나 끔찍한 상상이다.

민첩하게 물속에서 움직이는 물고기들은 크기는 각각 다르지만 모두 물과 거의 같은 밀도를 갖고 있다. 생선 가시를 보면 알 수 있듯, 물고기의 뼈는 육식동물의 뼈와는 다르다. 마치 섬유질로 만들어진 것처럼 뼛속에 미세한 기공들이 많다. 또한 물고기의 뱃속엔 '부레'라는 공기 주머니가 있다.

부레는 풍선처럼 생겼는데, 내부의 공기를 빼거나 늘리면서 몸의 밀도를 조절한다. 공기를 빼서 부피를 줄이면 가라앉고, 부피를 늘리면 수면으로 올라오는 것이다. 부레의 중요한 역할은 물고기의 밀도를 물의 비중과 일치시켜 운동하기 쉽게 만드는 것이다. 특히 물고기가 물의 깊이에 따라 상하로 이동할 때는 스스로 혈액이 가스를 섭취하거나 내보내게 만들어 내부의 가스 양을 조절한다.

하지만 상어는 부레가 없다. 그런데 어떻게 물속에서 헤엄칠 수 있을까? 상어는 부레 대신에 커다란 지방질의 간을 갖고 있는데, 일반적으로 간이 내장 전체의 25퍼센트를 차지한다. 내장 전체의 90퍼센트가 간으로 채워진 상어도 있다고 한다. 여기서 지방이 물보다 가볍다는 물리적 변수가 중요하다. 지방으로 이루어진 상어의 간은 상어가 물에서 부력을 받아 뜰 수 있게 돕는 역할을 하게 된다.

게다가 상어의 골격은 연골로 이루어져 있어 일반적인 뼈보다 가볍다. 그렇지만 이렇게 특수한 간과 골격을 가지고 있다고 하더라도 부레만큼의 커다란 부력을 얻을 수는 없기 때문에, 상어는 지속적으로 헤엄치지 않으면 가라앉게 된다. 그래서 상어는 태어나서 죽을 때까지 쉬지 않고 헤엄을 치며 살아간다.

박사님,
나가면 안 될까요?

나가면
죽는다!

15 물속에서 바위를 들어 올리면?

물속에서 사람이나 커다란 돌을 들어보면 그렇게 무겁게 느껴지지 않는다. 돌의 무게가 줄어들 리는 없는데, 생각보다 쉽게 들 수 있다. 하지만 이 돌을 물 밖으로 끄집어내는 순간 무척이나 힘이 들 것이다. 왜 물속에서는 그 무거운 돌이 가볍게 들릴까?

답은 '부력' 때문이다. 지상에서 부피를 가진 모든 물체는 질량도 가진다. 그리고 그 질량만큼의 무게를 가진다. 공기도 질량이 있다. 너무 가벼워서 우리가 느끼지 못할 뿐이다. 질량에 해당되는 무게만큼 지구가 끌어당기는 인력*이 작용한다. 어떤 물체가 가볍거나 무겁다고 느끼는 것은 무게 때문이다. 지구에 사는 사람들에게는 예외 없이 이런 현상이 적용된다. 남극에 있는 사람에게도, 적도에 있는 사람에게도 지구 중심 방향으로 만유인력이 작용한다.

하지만 물속에서는 어떨까? 물속에서는 중력과 반대되는 힘이 작용한다. 힘이 지구 중심이 아닌 하늘 쪽, 즉 반대 방향으로 작용한다. 이 힘을 부력이라고 하는데, 부력은 깊이에 따라 증가하는 성질이 있다. 왜 깊이 들어갈수록 부력이 커지는 것일까? 물의 압력이 깊이에 따라 커지기 때문이다. 무거운 돌이 물속에 있다면 이 돌에 작용하는 물의 압력은 수심에 따라 다르다.

바위 입장에서 생각해보자. 물리학의 기본 법칙은 작용 반작용의 법칙*을 따른다. 때린 놈이 있으면 맞은 놈이 똑같이 존재하고, 힘을 가했다면 힘을 받아들일 곳이 있다는 뜻이다. 바위에게는 윗면과 아랫면이 있을 것이다. 물론 옆면도 있다. 먼저 옆에 작용하는 힘을 생각해보자. 옆면으로 작용하는 힘은 같은 높이에서 왼쪽과 오른쪽, 즉 서로 반대로 작용한다. 다시 말해 반대 방향의 힘이 같은 높이에서 한 바퀴를 돌아 360도 작용한다. 그러니 결국 왼쪽으로 작용하는 힘과 오른쪽으로 작용하는 힘이 서로 상쇄되어 0이 된다. 따라서 옆으로 작용하는 압력은 없다.

그러면 바위의 윗면과 아랫면에 작용하는 힘을 생각해보자. 바위의 아랫면이 비교적 더 깊은 곳에 있으니 윗면에서 작용하는 힘보다는 클 것이다. 따라서 두 힘이 서로 상쇄되지 못하고, 그 차이만큼의 힘이 작용할 것이다. 아랫면의 힘이 더 크므로 최종으로 작용하는 힘의 방향

은 위쪽이다. 이 힘을 부력이라고 부른다.

사실 이런 구체적인 물리학은 몰라도 된다. 물속에서 바위를 드는 일을 평생 몇 번이나 하겠으며, 부력을 몇 번이나 우리의 생활 속에서 체험하겠는가? 하지만 중요한 것은 이 세상에서 발생하는 하나의 현상을 정확히 이해해본다는 데 있다. 관심을 가지고 세상일을 이해해본다면 그 속에서 색다른 즐거움을 발견할 것이다.

잠수함은 어떻게
물속을 오르내릴까?

잠수함은 자신의 부피를 늘리거나 줄일 수 없다. 쇠로 만들어진 물체이니 가라앉는 것은 당연하지만, 어떻게 수면으로 다시 올라오는 것일까? 잠수함에는 크게 세 가지 유형이 있지만, 잠수할 때 이용하는 물리적 원리는 모두 같다.

잠수함은 평상시에 내부의 빈 탱크에 압축된 공기를 저장해놓고 다닌다. 잠수할 때는 잠수함의 빈 공간에 물을 채워놓는다. 물로 채워진 잠수함은 밀도가 높아지니 당연히 가라앉는다. 수면으로 올라가고 싶으면 압축 공기를 이용해 물을 빼준다. 그러면 밀도가 작아져서 떠오른다. 페트병이나 유리병에 물을 넣으면 가라앉고, 물을 뺀 다음 뚜껑을 닫아놓으면 둥둥 뜨는 원리와 같다.

그렇다면 악어는 어떻게 물속에 들어가고 수면에 올라올까? 물고기

처럼 부레가 있는 것도 아니고 상어처럼 지방으로 가득 찬 간이 있는 것도 아니다. 민첩한 지느러미도 없어 보인다. 그런데 어떻게 악어의 둔한 몸체가 잠수함처럼 움직이는 걸까?

먼저 악어에 대한 개인적인 느낌을 이야기하자면, 생김새 자체부터 아주 불량해 보인다. 가장 마음에 안 드는 것은 입이다. 음식물을 단정하게 오물오물 먹기는커녕 성성한 이빨 사이로 다 흘릴 것 같다. 눈도 마치 한눈을 파는 것처럼 게슴츠레하다. 그런 눈에는 신뢰가 절대 가지 않는다. 몸통의 길이와 맞먹는 꼬리 역시 불량배다운 모습이다. 악어 꼬리는 자신의 감정 표현을 위한 것이 아니라 공격의 무기이기 때문이다.

아무튼 악어는 어떻게 물속과 물 밖을 자유롭게 다닐 수 있을까? 정답은 악어 뱃속에 있는 돌이다. 악어에게는 위가 두 개 있다. 악어가 밥을 먹을 때는 먼저 먹이를 이빨로 쪼개서 첫 번째 위로 보낸다. 이곳은 새의 모래주머니처럼 자갈로 차 있으며 매우 발달된 근육으로 이루어져 있다. 그다음은 1차로 소화된 먹이를 두 번째 위로 보낸다. 모든 것을 녹일 수 있는 강력한 위산이 분비되는 곳이다.

악어가 자유롭게 잠수와 떠오르기를 반복할 수 있는 것은 첫 번째 위인 자갈 주머니 덕분이다. 이곳의 밀도를 조절해서 몸을 가라앉히거나 띄우는 것이다. 악어의 생존에 있어 가장 중요한 일도, 성장하면서

자신의 몸 크기에 따라 적당한 양의 돌을 먹어 위장에 담아놓는 것이다. 악어는 눈이 다 위쪽에 달렸으니 강바닥에서 돌을 찾는 일도 그다지 쉬워 보이지 않는다. 그런데도 물리적 밀도 변화를 이용해 스스로 부력을 만들어 생존한다는 사실이 놀랍기만 하다.

중력을 무시하는 힘

슬로베니아에서 여름을 보낼 때의 일이다. 당시 내가 있던 연구소 뒤에 바로 알프스 산이 있었다. 산 정상에는 패러글라이딩 활강장이 있었는데, 주말 오후면 패러글라이더를 타고 하늘을 나는 사람들로 장관을 이루곤 했다. 어느 날, 산이 보이는 카페에 앉아 맥주 한 잔을 마시면서 하늘을 나는 패러글라이더들을 여유롭게 바라보고 있었는데 갑자기 패러글라이딩을 가까이에서 구경하고 싶어졌다.

한창 더운 8월이라 산을 오르기가 너무 힘이 들었다. 한 시간 동안 걷고 또 걸어 간신히 정상에 오르자 활강장이 보였다. 지상에서 만들어진 뜨거운 바람이 산자락을 타고 불어왔다. 패러글라이더에 매달린 사람들이 바람을 타고 하늘 위로 올라가는 모습을 보자, 자유란 바로 이런 것이라는 생각이 들었다. 그들은 마치 하늘을 나는 새처럼 자유

로워 보였다.

　지상의 공기는 온도가 올라갈수록 부피가 커지고 밀도가 작아진다. 온도가 상승하면 공기가 많이 움직이는데, 움직일 공간을 확보하면서 부피가 커지고 밀도가 작아지기 때문이다. 밀도가 작아진 공기는 위로 올라간다. 풍선과 열기구가 하늘에 떠오르는 원리도 여기에 있다.

　이렇게 지상의 공기가 덥혀지면 상승기류를 따라 계곡을 타고 산 정상 쪽으로 올라온다. 이 떠오르는 힘이 최대가 되는 지점에서 패러글라이더를 띄우는 것이다. 아무런 동력장치 없이 계속 날기 위해서는 상승기류의 역할이 매우 중요하다. 하지만 상승기류가 생기는 곳은 일반적으로 날씨가 나쁘다. 산의 날씨가 변덕스러운 것도 상승기류가 발생하기 쉽기 때문이다.

　해가 서쪽 하늘로 살짝 기울자 온도가 급격히 떨어졌다. 사람들은 지상에 세워둔 자동차 쪽으로 하강하기 시작했고, 활강장 근처에서 무전기로 지시를 하던 사람들도 패러글라이더를 타고 서둘러 산을 내려가기 시작했다. 그렇게 모든 사람들이 내려가고 나자, 나만 홀로 남았다. 식어버린 땀에 추위를 느끼며 1,200미터의 산을 다시 내려갔다. 집에 도착하니 날은 벌써 어두워졌고, 나는 괜히 올라갔다는 생각을 하면서 피곤에 지쳐 잠이 들었다.

　모든 물체는 지구 중심을 향해 떨어진다. 심지어 낙하산도 떨어진

다. 이 와중에 하늘을 오른다니, 인간은 정말 대단하다. 언뜻 보기에 지구의 중력을 무시하는 듯한 힘을 이용하는 것이니 말이다.

대체 누가 이런 낭떠러지를 찾아 시험비행을 하고, 처음으로 활강장을 만들어 패러글라이딩을 했을까? 그런 용맹, 창의성, 도전의식을 가진 사람이 있기 때문에 세상이 넓어지고 시야도 넓어지는 것이 아닐까? 물리학에서도 마찬가지다. 도전적인 행동 없이는 아무것도 이루어지지 않는다.

비행기는 어떻게 하늘을 날까?

일본의 나리타 공항에서 한 시간 정도 거리에 있는 쓰쿠바대학교에서 연구를 할 때 한국에 급히 갈 일이 있으면 이른 아침에 차를 몰고 나와 공항에 차를 세워두고, 비행기를 타곤 했다. 두 시간 정도의 비행이면 서울에서 약속한 사람과 점심을 같이 먹을 수 있었다. 서울에서 일을 마치고 저녁 비행기를 타면 자정쯤 집에 도착했다. 지금은 김포공항이 있어 더 가까워졌다.

공항에 가면 이륙하기 위해 활주로에서 비행기들이 줄지어 기다리는 것을 볼 수 있다. 한 대씩 하늘에 오르는 모습을 보면 일요일에 백화점 주차장에 들어가기 위해 자동차들이 줄을 서 있는 모습과 크게 다르지 않아 보인다.

그렇다면 비행기가 날아가는 기본 원리는 무엇일까? 태풍이 부는

날 지붕이 날아가는 원리와 같다. 바람이 지붕의 위를 지나면서 압력을 낮추면 지붕이 위쪽으로 힘을 받아 하늘로 날아가는 것이다.

즉 비행기에 지붕 구조를 만들고 태풍과 같은 바람의 힘으로 달려주면 위로 뜬다. 비행기가 활주로를 빠르게 달리는 것은 지붕이 날아갈 수 있는 정도의 압력을 만들어내기 위해서다.

레오나르도 다빈치나 라이트 형제는 하늘을 나는 새를 보며 비행기를 만들 생각을 했겠지만, 비행기의 물리적 원리는 날아가는 지붕을 보고 생각해낸 것이 아닐까 싶다. 믿거나 말거나 순전히 내 생각이지만 말이다.

풍선은 어떻게 하늘을 자유롭게 날아다닐까?

바람이 많이 부는 날이면 가끔 하늘을 자유롭게 날아다니는 비닐봉지를 볼 수 있다. 내려올 듯 내려오지 않고 하늘에 머무르며 멀리 떠다니곤 한다. 마치 중력을 무시하는 것처럼 말이다.

하지만 모든 물체는 지구상에 있는 한 중력을 받는다. 예외는 없다. 가볍든 무겁든 질량이 있는 물체는 반드시 자신의 질량에 해당하는 중력의 힘을 느끼게 된다. 그렇다면 공기에도 무게가 있을까? 물론이다. 공기 속에는 산소와 질소를 포함하는 먼지가 있으므로 이 물질도 예외 없이 자신의 질량에 대한 무게가 있다.

바람은 단순히 공기가 만드는 흐름이다. 찬 바람은 당연히 찬 공기가 만들고, 따뜻한 바람은 따뜻한 공기가 만든다. 하늘을 나는 비닐봉지는 공기보다 가벼워서 나는 것이 아니다. 바람의 흐름에 의한 저항

때문에 허공에 잠시 머무는 것이다. 바람이 그치면 비닐봉지는 땅으로 내려온다. 공기보다 무거운 물체는 언젠가는 바닥으로 떨어진다. 물리 법칙이라기보다는 세상의 이치라고 할 수 있다.

그렇다면 풍선은 어떻게 중력을 무시하고 하늘로 떠오르는 것일까? 풍선 속에 공기보다 가벼운 헬륨 가스가 들어 있기 때문이다. 풍선 속에 일반 공기가 들어가 있다면 절대 하늘을 날지 못할 것이다. 컵 바닥에 있던 공기 방울이 솟아오르는 이치와 같다. 무거운 공기가 가벼운 풍선을 위로 밀어내니 하늘로 올라가는 것이다. 그렇다면 풍선은 과연 어디까지 오를 수 있을까?

풍선은 하늘 높이 날면서 점점 부풀어 오른다. 공기가 희박해지면서 풍선 표면을 압박하는 공기의 압력이 작아지는 것이다. 풍선은 점점 커져서 결국 터지게 되는데, 터져서 찢어진 풍선은 당연히 바람에 날리다 중력의 힘에 의해 지상으로 추락할 것이다.

쥘 베른Jules Verne의 원작을 기반으로 한 영화 〈80일간의 세계 일주〉를 보면 주인공이 열기구를 타고 런던에서 출발해 히말라야 산맥을 넘는다. 그러는 와중에 히말라야 산 정상의 눈을 샴페인 잔에 채우고 건배를 한다. 낭만적인 장면이라고 볼 수도 있겠지만, 현실적으로 히말라야 산의 높이가 8,000미터 이상이니 그렇게 안전한 상태는 아니다. 열기구에 탄 사람은 아마도 산소가 결핍되거나 고산병에 걸린 상태일

것이다. 훈련을 받지 않은 일반인들은 2,000미터 이상이 되면 희박한 공기 때문에 혈중 산소가 결핍되니 말이다. 히말라야의 눈으로 건배하는 건 소설에서나 가능한 이야기다.

물리적 현실은 소설의 세계보다 엄격하고 때로는 각박하다. 한 치의 오차로도 생명의 위협을 받을 수 있다. 사람들이 영화와 같은 판타지를 꿈꾸는 이유는 현실의 치열한 과학적 사실로부터 일탈하고자 하는 무의식적 욕망 때문이다. 나는 물리학자로서 한 치의 오차도 없는 치밀한 과학적 현실 속에서 살아가지만, 소설 속 판타지 세계가 없다면 어떻게 살 수 있을까? 솔직히 자신이 없다.

하늘에서 떨어지는 물체에는 어떤 일이 벌어질까?

공기가 없는 상태를 진공이라고 한다. 진공* 속에서 물건을 떨어뜨리면 어떻게 될까? 가벼운 깃털을 떨어뜨리나 무거운 돌덩어리를 떨어뜨리나 똑같은 속도로 떨어진다. 반대로 공기 중에서 물체를 낙하시키면, 우리가 모두 알다시피 가벼운 깃털보다 무거운 돌덩어리가 먼저 떨어진다. 왜 이런 차이가 생길까?

진공에서는 지구가 끌어당기는 중력 외에 작용하는 힘이 없다. 공기가 없으니 공기에 의한 어떤 힘도 작용하지 않고, 돌덩어리와 깃털에 작용하는 중력이 같아진다. 하지만 공기 중에서는 공기 저항이 존재한다. 질소, 산소를 비롯한 먼지로 이루어진 공기가 떨어지는 물체의 반대 방향으로 충돌하면서 저항으로 작용하기 때문이다. 그래서 공기 저항력은 중력의 반대 방향으로 작용한다.

떨어지는 물체에 작용하는 공기 저항은 물체의 크기에 따라 달라진다. 물체가 크면 공기와의 충돌이 많아지고 더 저항이 커지므로 큰 물체는 공기 저항을 어렵게 헤치고 나아가야 한다. 그다음에는 떨어지는 물체의 속력과 관계가 있다. 속력이 크면 공기와 더 세게 충돌하기 때문에 공기 저항이 더 커진다. 따라서 하늘에서 떨어지는 물체의 공기 저항은 크기와 속력에 비례한다.

그럴 일이야 없겠지만 고양이가 아주 높은 곳에서 뛰어내린다고 가정해보자. 3층 높이에서 뛰어내린 고양이는 크게 다치겠지만 10층 높이에서 뛰어내린 고양이는 오히려 다치지 않을 수도 있다. 왜 그럴까?

고양이는 떨어지면서 몸을 본능적으로 펼치고 공기 저항을 크게 만든다. 그리고 잠시 동안은 고양이 무게에 의해 가속된다. 떨어지는 시간에 따라 속도가 달라진다는 의미다. 떨어지면서 공기의 저항력은 고양이의 무게와 같아질 때까지 증가하는데, 고양이의 무게와 공기 저항의 힘이 같아지면 고양이는 더 이상 가속되지 않고 일정한 속도를 유지하게 된다.

이렇게 낙하하는 물체가 가속되어 공기 저항과 일치하면 더 이상 가속되지 않는 상태가 되지만, 그 순간에 도달하려면 시간과 거리가 필요하다. 가벼운 물체는 필요한 거리가 짧은 반면 무거운 물체는 필요한 거리가 길다.

계산해보면 떨어진 고양이의 속도가 일정해지기까지는 아파트 10층 정도의 높이가 필요하다. 그래서 10층에서 뛰어내린 고양이는 무사히 착지할 것이다. 하지만 3층의 경우 아직 고양이가 가속되는 중이다. 즉 떨어질 때의 속도가 너무 커서 바닥에 부딪히는 순간의 충격으로 크게 다칠 것이다. 아마 3층에서 떨어지는 것이 조금 더 안전하다고 생각하겠지만 물리적으로는 그렇지 않다. 하지만 절대 고양이에게 직접 실험해보지는 말자.

공중부양은
아무나 하나

<u>중력은 지구가 잡아당기는 힘이다.</u> 공기처럼 항상 존재하지만 눈에 보이지 않는다. 우리는 평상시 중력의 존재에 대해 별로 신경 쓰지 않고 살아간다. 근본적으로 중력은 당연히 있다는 믿음을 밑바탕에 깔고 있기 때문인지도 모른다. 어느 순간 중력이 사라질 수 있다는 의심 같은 것은 절대로 하지 않는다.

의심에 대한 이야기가 나와서 말이지만, 가끔 공중부양에 대한 기사가 뉴스에 나온다. 대표적인 사례가 1995년 도쿄 지하철에서 사린 가스 테러를 저질렀던 일본의 옴진리교다. 옴진리교의 교주는 자신이 자유롭게 공중부양을 할 수 있다고 말했는데, 그가 신도들에게 증거라고 보여준 영상을 나도 본 적이 있다. 방석 위에 앉은 채로 팔딱거리는 모습이었다. 공중에 오래 머문 것도 아니었다.

그런데도 신도들은 그가 공중부양을 할 수 있다고 철석같이 믿었다고 한다. 교주가 재판 받는 동안 재판장이 공중부양을 한번 해보라고 하니 "그건 아무 데서나 되는 것이 아닙니다"라고 대답을 했다. 코미디 같지만 사실이다. 이렇게 허무맹랑한 이야기들을 쉽게 믿기 시작하면 세상은 혼란에 빠진다. 굳이 물리학자가 아니더라도, 중력이라는 물리적 법칙에 대해 조금만 생각해보고 의심했더라면 공중부양은 사기라는 사실을 알았을 것이다.

아마 평소에 중력이 느껴지지 않으니 그런 게 있다고 생각해본 적이 없는 사람도 있을 수 있다. 물론 가만히 앉아 있으면 지구가 잡아당기는 것이 느껴지지 않는다. 우리는 중력의 변화가 발생할 때만 중력의 존재를 체감할 수 있다. 예를 들면 놀이공원에 가서 롤러코스터를 탄다든지, 로켓을 타고 날아간다든지, 번지 점프를 한다든지, 세상이 두 조각이 난다든지(이런 경우는 없겠지만) 말이다. 어쨌든 우린 중력이라는 존재에 대해 별 신경을 쓰지 않고 살아간다.

하지만 때로는 눈에 보이지 않더라도 있다고 믿어야 하는 것들이 있다. 만약 누군가가 나에게 "중력이 있다는 증거를 보여줘!"라고 요구하면 당혹스러울 것 같다. 하지만 우리 모두가 알고 있듯 자연의 법칙, 생태계의 법칙, 물리 법칙은 존재한다. 눈에 보이든 보이지 않든, 우리에게는 그런 믿음이 있다. 마치 연인의 사랑을 믿는 것처럼 말이다.

무중력 상태에 대한 트라우마

초등학교 시절, 학교 뒤에 야트막한 산이 있었다. 산등성이에 소나무가 많았는데, 여름이 되면 송충이들이 교실로 들어올 정도로 기승을 부리곤 했다. 어느 날은 전교생이 함께 깡통을 들고 송충이를 잡으러 갔다. 소나무 밑에서 기다리다 보면 송충이가 나무에서 저절로 떨어지기도 했다. 그럴 때마다 여학생들은 기겁을 했고, 남학생들은 젓가락으로 송충이를 집어 깡통에 넣었다.

각 조마다 깡통을 하나씩 채워야 운동장에서 놀 수가 있었기 때문에, 나는 한 마리라도 더 잡으려고 용기를 내서 소나무에 올라갔다. 나는 위에서 열심히 송충이를 던지고, 친구들은 밑에서 송충이를 깡통에 집어 담았다.

그런데 순간 목덜미에서 송충이가 기어가는 듯한 촉감이 느껴졌다.

재빨리 손으로 털어내려는 순간, 중심을 잃고 나무 위에서 떨어지고 말았다. 2미터 정도의 높이였지만 그 순간에 느낀 아찔함이 지금까지도 눈앞에 선하다. 깡통에 담겨 있던 송충이를 온통 뒤집어쓰고 멍한 상태로 누워 있던 기억이 아직도 끔찍한 공포로 남아 있다.

그 일 이후로 떨어지는 것에 대한 공포와 트라우마가 나를 지배하고 있다. 당시 내가 경험했던 추락의 물리학적 용어는 자유낙하*다. 아주 짧은 순간이지만 자연스럽게 자유낙하를 경험한 것이다. 그렇다면 무중력* 상태를 경험하는 방법도 있을까? 하나는 중력의 방향으로 돌진해 수학적으로 마이너스 중력을 만듦으로써 중력을 제로로 만드는 것이다. 이것이 제로중력, 다시 말하면 무중력이다.

그리고 더 간단한 방법이 있다. 엘리베이터의 줄을 끊는 것이다. 물론 자신이 끊을 수 없으니 누군가가 끊어줘야겠지만. 이때 운이 좋아 엘리베이터가 벽에 부딪히지 않고 1층까지 떨어진다면 엘리베이터 안은 무중력 상태가 된다. 물론 1층에 도착하기 전까지의 일이다. 땅에 부딪히는 순간 무중력 상태는 깨지고 땅바닥에 처박히고 말 것이다. 하지만 단 몇 초간의 무중력을 느끼기 위해 엘리베이터의 줄을 끊는 바보 같은 짓을 하는 사람은 없을 거라 믿는다.

롤러코스터의
물리학

나는 놀이공원에 잘 가지 않는다. 정말 어쩔 수 없이 따라가게 된다면 그냥 음식점 근처에 있는 벤치에 앉아 있는 편이다. "어서들 놀다 오세요!"라고 말하고는 짐을 보면서 혼자 시간을 보낸다.

롤러코스터 위에서 소리를 지르고, 공포와 스릴을 느끼며 다시 원점에 돌아오는 일을 왜 하는 것일까? 나는 빙빙 도는 회전목마를 보는 것만으로도 어지러워지기 때문에 도저히 이해할 수가 없다. 사실 롤러코스터 위에서 실컷 회전하고 나면 다시 뇌가 정상으로 돌아오는 데 시간이 필요하다. 그러니 한 번 타고 나서 다시 타려고 뛰어가는 사람을 보면 더욱 이해가 안 된다. 물론 나와는 감각과 취미가 다르니 그럴 수도 있다고 생각한다. 하지만 그렇게 자기 자신을 학대하면서까지 즐거움을 느껴야 할까?

롤러코스터를 타고 어지러운데 뜨거운 햇볕까지 내리쬔다면 뇌가 더욱 회복이 되지 않는다. 그때는 정말 응급환자처럼 돗자리를 깔고 누워 있어야 한다. 여러 번 타고 와서 김밥에, 사이다에 왁자지껄 음식까지 먹는 사람들을 보면 신기할 따름이다.

과학적 사실을 안다고 해서 놀이 기구가 더 즐거워지는 건 아니겠지만, 놀이 기구의 물리적 핵심은 중력과 회전이다. 쉽게 말해서 놀이 기구를 이용해 사람을 들어 올리고, 떨어뜨리고, 돌리는 것이다.

단순히 들어 올리고 높은 곳에서 떨어뜨리기만 한다면 사람들은 그다지 흥미를 못 느낄 것이다. 하지만 놀이 기구는 사람들이 갑작스러운 중력의 변화를 느끼게 만든다. 예를 들면 롤러코스터의 경우 높은 곳에서 떨어지면서 자유낙하를 느끼게 해주고, 갑자기 진행 방향을 바꿈으로써 관성을 느끼게 한다. 회전 그네를 탄다면 원심력*과 중력을 느낄 수 있다.

지구에서 매일 평범하게 살고 있는 우리들이 느끼는 중력은 1이다. 하지만 갑자기 위로 들어 올려지면 우리 몸은 더 큰 중력을 받는다. 다시 말해 누가 우리 몸을 들어 올리면 우리는 1보다 큰 중력을, 떨어뜨리면 1보다 작은 중력을 받게 되는 것이다. 이것이 순간적으로 이루어진다면 더 강한 자극으로 남는다. 그래서 평상시와 다른 짜릿함을 경험하는 것이다.

하이힐과 슬리퍼가 만드는 압력

내 앞에 걸어가던 여성의 하이힐이 보도블록 사이에 끼었다. 직접 잡아 빼줄 수도 없고, 낑낑거리는 당사자보다 내가 더 난감하다. 가끔 계단이나 에스컬레이터에서 하이힐을 신고 앞발로 위태롭게 올라가는 여성을 보면 나까지 조마조마해진다.

  압력은 면적에 미치는 힘으로 정의된다. 몸무게가 많이 나가는 사람일수록 중력의 힘에 의해 같은 면적에 닿는 힘이 커지므로 압력이 증가한다. 마른 사람과 뚱뚱한 사람이 각각 하이힐을 신는다면 뾰족한 하이힐의 뒤축에 작용하는 압력의 크기도 달라진다. 몸무게에 따라 압력이 다르기 때문이다. 하이힐이 압력을 못 견디면 부러지는데, 이것 역시 몸무게 때문이다. 걸을 때 우리 몸을 지탱하는 발뒤꿈치의 힘이 하이힐의 뾰족한 뒷굽에 모인다면 그 힘은 대단히 클 수밖에 없다.

가끔 영화에 여자가 하이힐로 상대방 남자를 가격하는 장면이 나온다. 물리학자 입장에서 볼 때 참으로 위험한 일이다. 하이힐 뒷굽으로 맞으면 모든 힘이 그곳으로 몰리므로 맞는 사람이 느끼는 충격은 마치 송곳에 찔릴 때와 같을 것이다. 만약 뾰족한 뒷굽을 손잡이처럼 잡고 때린다면 그나마 다행이다.

넓적한 슬리퍼로 때린다면 어떨까? 슬리퍼 바닥의 넓은 면적에 힘이 분산되어 하이힐처럼 아프지는 않을 것이다. 슬리퍼의 푹신한 공기층 역시 충격을 흡수해줄 것이다. 하지만 물리적으로 덜 아프더라도 기분은 더 나쁠 수 있다. '쩍!' 하고 귓가를 때리는 소리는 아픔 이상일 테니 말이다. 게다가 슬리퍼 자국이 얼굴에 남을 수도 있고, 슬리퍼 바닥에 묻어 있던 지저분한 것이 얼굴에 묻을 수도 있다. 아무튼 때리는 행위는 좋지 않다.

누구든 압력에서 벗어날 수 없다

압력은 뭔가를 누르거나 압박하는 힘이다. 세상의 모든 물체는 압력이라는 물리적 틀 속에 살고 있다. 즉 형체가 있는 모든 물체는 압력을 받게 되어 있다. 우리의 몸도 대기압이라는 적정한 압력 속에 존재하고 있다. 어찌 보면 우리의 존재 자체가 압력인지도 모른다.

물리적 압력 말고 심리적 압력도 있다. 학생 때는 시험이라는 압박감 때문에 잠을 못 이루고 불안에 떤다. 그래서 압박감을 떨쳐버리기 위해 자꾸만 딴짓을 하고, 공상을 하고, 일탈을 꿈꾸면서 현실로부터 벗어나려 한다.

나 역시 이런 압박감에서 자유로울 수 없었다. 시험 기간이 되면 갑자기 피곤이 몰려오고, 잠이 항상 부족해지고, 갑자기 소설을 읽고 싶어지고, 시험과 전혀 관계없는 공부에 관심을 보이곤 했다. 그중에서도 소설에 빠지는 증상이 심했다. 책이 왜 그렇게 재미있는지, 한 장 한 장 넘기는 것이 아까울 정도로 빠져들었다. '딱 여기까지만 보고 공부해야지' 하다가 끝까지 읽어버리는 일이 부지기수였다.

지금 생각해보면 시험이라는 압력이 뇌를 압박해, 마치 풍선의 한쪽을 손으로 누르면 다른 한쪽으로 비죽 튀어나오는 것처럼 압력이 다른 쪽으로 가해진 것이 아닐까 싶다. 물론 시험이 끝나면 언제 그랬냐는 듯 잠도 더 이상 쏟아지지 않았다. 압력이 줄어들어 평상시로 돌아왔다는 뜻일 것이다.

입장은 다르지만 교수가 되어 받는 압력도 있다. 시험을 치러야 한다는 압력 대신 시험지를 채점해야 한다는 압력이 생겼다. 내가 가르치는 일반물리학 수업의 경우 거의 120명이 듣고 있는데, 시험지 120장이 쌓인 모습을 보면 가슴이 답답해지기도 한다. 시험지마다 5문항이 담겨 있으면 총 600문항을 채점해야 한다. 게다가 풀이 과정이 애매한 경우에는 답안지를 쓴 학생의 입장에서 다시 계산을 해봐야 하니 쉬운 일이 아니다. 마치 멀고 먼 출장길처럼 느껴진다.

이런 상태에서 나타나는 증상이 있는데, 바로 논문 읽기다. 시험지를 올려놓을 공간을 만들기 위해 책상을 정리하다가, 예전에 복사해놓았던 논문을 발견한다. 그리고는 '이런 중요한 연구 결과가 발표되었다니!' 하면서 순식간에 빠져든다. 물론 다른 참고 논문도 찾아 읽는

다. 그러면 채점은 점점 미루게 되고 시험지 위에 논문이 쌓인다. 왜 꼭 이런 시점에 논문이 재미있어지는 걸까?

결국 이렇게 미룬 채점은 마감에 쫓기는 신문기자처럼 막판에 허겁지겁 해치우게 된다. 학생에게 시험을 치를 의무가 있는 것처럼, 교수에게는 정해진 시간에 채점을 할 의무가 있으니 말이다. 입장은 다르지만 같은 압력을 받는다는 사실을 부디 학생들이 이해해주었으면 좋겠다. 그리고 제발 화살표를 이용해 여기저기 옮겨 다니며 답안지를 쓰지 마라!

바닷물 속의 잠수부가 받는 압력

1988년에 개봉된 프랑스 영화 〈그랑블루 Le Grand Bleu〉는 잠수부들의 이야기다. 주인공 자크 마욜과 그의 라이벌 엔조 사이의 우정과 경쟁을 그렸다. 엔조 역을 장 르노 Jean Reno 가 연기했는데, 역시 그의 연기에는 카리스마와 유머가 녹아 있다.

두 잠수부는 영화 속에서 잠수 실력을 겨룬다. 누가 더 깊은 바닷속까지 들어갈 수 있는지가 경기의 핵심이다. 다시 말해 바닷속이라는 물리적 환경에서 인간의 한계를 실험하는 것이다. 반대로, 물 밖의 사람들은 높은 산을 오르며 경쟁한다. 누가 더 높이 오를 수 있는가? 8,000미터의 높은 산에서 낮은 압력과 희박한 공기를 얼마나 오래 견딜 수 있는가? 즉 대기 압력의 변화에 대한 인간의 한계를 실험한다.

〈그랑블루〉에서 자크와 여기자 조안나의 사랑 이야기도 좋지만, 화면을 가득 채우는 푸른 바닷물과 아름다운 음악이 압권이다. 마치 내가 잠수해 있는 듯한 착각까지 들게 한다. 아직도 그 영화에 나왔던 음악을 듣노라면 심장을 내리누르는 푸른 바닷물과 바다에서 바라보는 하늘의 영상이 떠오른다. 한적한 바닷가 풍경, 소박한 파스타, 세월이 정지한 듯한 골목의 모습이 선명하게 뇌리에 남아 있다.

물속으로 깊이 들어갔을 때 처음 압력을 느끼는 것은 귀다. 귀의 핵심 부분인 고막에 압력이 가해지기 때문이다. 물속으로 깊이 들어갈수록 귀가 멍해진다. 심장에도 압력이 가해진다. 바닷물의 무게가 우리 몸을 압박하는 것이다.

바닷물 역시 지구의 중력을 받고 있다. 잠수 깊이가 50미터에서 100미터로 늘어나면 바닷물이 두 배로 많아지므로 바닷물 무게가 두 배로 커지고, 압력도 두 배로 증가한다. 〈그랑블루〉의 실제 주인공 자크 마욜Jacques Mayol은 1983년 56세의 나이로 수심 105미터까지 무산소로 잠수한 기록을 세운 사람이다. 최초로 에베레스트 정상을 정복한 힐러리 경Edmund Hillary에 비견할 만한 사람임에 틀림없다.

해발 2,000미터만 되어도 고산병에 시달리고, 가장 깊이 잠수한 것이 수영장 바닥에 떨어진 사물함 열쇠를 주우러 내려갔을 때에 불과한 나로서는 상상도 할 수 없는 일이다. 마욜의 기록은 육체적 한계의 극복보다 그의 도전의식, 그리고 공포를 이겨낸 용기 덕분이 아닐까?

물리학의 타이밍, 인생의 타이밍

충격은 물리학에서 중요하게 다루는 역학적 힘이다. 권투에서 잽이나 라이트 훅을 날릴 때 상대방이 받는 힘이 바로 충격이다. 충격의 핵심은 일정한 시간에 힘을 얼마나 효과적으로 쓰느냐인데, 야구 선수가 홈런을 날리는 비법도 충격이라는 물리적 양에서 찾을 수 있다. 배트를 휘두를 때 어느 시간 동안에 최대한 기술적으로 공에 힘을 가하느냐, 즉 '타이밍'이 중요하다.

야구는 그야말로 타이밍의 경기다. 투수는 타이밍을 조절해서 타자의 헛스윙을 유도하고, 타자는 투수가 던지는 공을 보고 타이밍을 맞춘다. 날아오는 공의 속도를 보고 어느 정도의 힘으로 배트를 휘둘러야 할지 순간적으로 판단하는 것이다. 느린 커브볼보다는 빠른 직구를 쳐낼 때 홈런이 될 확률이 커진다. 느린 커브볼은 더 강한 스윙으로 쳐

야 홈런이 되지만, 공이 휘어서 들어오는데 그 공을 강하게 받아친다는 것은 말처럼 쉽지 않다. 야구 선수들은 이런 경우 약한 공의 속도를 감아 친다고 한다. 공에 힘을 실어준다는 이야기다.

좀 다른 이야기지만, 사실 세상에서 타이밍이 제일 필요한 순간은 파리를 잡을 때다. 파리가 지금 앉아 있는 지점에 머무를 시간을 계산해, 날아가기 전에 정확히 파리채를 휘둘러야 한다. 날아가는 파리를 후려치는 건 너무 어려우니 말이다. 그저 무식하게 후려치는 것이 아니라, 팔목의 스냅을 이용해 순간적으로 최고의 충격이 가해질 수 있도록 가격해야 한다.

타이밍은 사랑 이야기에도 적용된다. 강한 직구를 타이밍에 맞게 칠 때 홈런이 되는 것처럼, 이성 간의 강력한 사랑이 시기적으로 맞을 때 사랑에 성공하게 된다. 물리적으로 충격이 제일 큰 경우는 강한 공을 강한 힘으로 쳤을 때인데, 사랑 역시 마찬가지다. 하지만 매일 강한 공만 날아오라는 법은 없다. 상대적으로 움직이는 사랑의 흐름을 누가 읽을 수 있겠는가? 물리학 이론을 써서 이렇게 배트를 휘두르면 내야 뜬공이 되고 저렇게 치면 땅볼이 된다고 말할 수는 있어도, 사랑의 타이밍만큼은 결코 이론으로 예측할 수 없다.

모든 물질은 그 자체로 응축된 에너지다

물리학에서 가장 핵심적인 개념은 에너지다. 사실 우리가 사는 지구와 지구를 포함하는 우주는 물질과 에너지*가 합쳐진 세계다. 물질은 보이는 세상의 실체이고 에너지는 물질을 움직이게 하는 원천이다. 물질은 우리가 느끼고, 냄새 맡고, 보고, 만질 수 있는 실체이며 크기와 부피를 갖고 자신의 공간을 차지한다. 반면에 에너지는 추상적인 개념이다. 냄새도 맛도 없고, 직접 보거나 느낄 수도 없다.

물리학을 전공하는 사람들조차 에너지라는 개념을 정확히 정의하기 힘들다. 보이는 물체에 대해서는 이렇다 저렇다 이야기할 수 있지만, 추상적인 개념에 정의를 내리기는 정말 어렵다.

사람이든 건물이든 물체는 모두 에너지를 갖고 있지만, 우리는 에너지 형태의 전환을 통해서만 그것을 느낄 수 있다. 태양으로부터 얻는

에너지는 전자기파로 전달되지만 우리는 열에너지로 전환된 에너지를 느낀다. 식물의 경우 광합성을 통해 태양에너지를 변환하고 흡수해서 세포를 증식시키고, 분자를 만들고, 물질을 만든다. 우리는 이 식물을 섭취해서 소화한 후 에너지를 만들어 일을 한다. "물질 자체가 응축된 에너지"라는 아인슈타인의 유명한 말이 에너지의 특성을 잘 표현해주는 것 같다.

우리는 가끔 "왜 사는지 모르겠다!"라는 푸념을 내뱉는데, 이 말에 물리적으로 답하면 "에너지를 얻기 위해서"라고 말할 수 있다. 인간은 에너지를 먹는 일로부터 얻는다. 먹지 않으면 배가 고프다. 하지만 사실 배고픔은 그저 느낌일 뿐이다.

인간은 먹지 않으면 죽고 만다. 체온을 유지할 에너지가 없기 때문이다. 우리의 몸은 37도지만 대기의 평균 온도는 25도다. 따라서 우리 몸은 지속적으로 대기 중에 열에너지를 빼앗기게 되는데, 이 에너지를 어디서 보충하겠는가? 그래서 먹지 않으면 죽는 것이다.

다이어트에 대한 물리적 생각

다이어트의 핵심은 지속성이다. 한번 시작한 다이어트는 평생 지속해야 한다는 말이다. 하지만 말처럼 쉽지 않다. 번번이 다이어트에 실패하는 사람은 바로 이 지속성에서 실패를 겪은 것이다.

어느 날 출장을 다녀와 보니 우리 연구실에 있던 한 학생의 몸이 반쪽이 되어 있었다. 무슨 일이 있었는지 물어보니 다이어트를 했다는 것이었다. 매일 밤 자기 전에 맥주 한 캔을 마시던 학생인데, 이렇게 급변한 것이 놀라웠다. 점심시간에도 필통 반만 한 도시락에 푸성귀와 현미밥 한 덩어리 정도를 담아와 개미가 설탕을 핥아 먹듯 깨작깨작 먹곤 했다. 삼겹살 회식 자리에서도 다들 건배를 외치면서 고기를 먹기 바쁜데 "전 괜찮아요"라면서 물만 마시고 있었다. 몸무게를 줄이기 위해 하루아침에 행복을 버릴 수 있다니!

나는 평생 다이어트 따위는 걱정하지 않는다. 먹고 마시는 즐거움, 특히 어떤 맛있는 음식을 먹을지 상상할 때의 행복감은 어느 것과도 견줄 수 없다. 세계를 돌아다니면서 그 지역의 토속적이고 독특한 향신료가 들어간 음식과 술을 맛보는 것은 최고의 즐거움이다. 맛있는 음식을 앞에 놓고도 체중을 위해 먹을지 말지를 고민해야 한다면 너무나도 고통스러울 것이다.

물리학적으로 다이어트는 체중을 줄이는 일이다. 우리가 먹는 음식의 물리학적 의미를 알아야 다이어트를 할 때 무엇을 어떻게 해야 할지가 분명해진다. 밥과 고기를 먹는다면, 일단 고기가 더 열량이 높다. 고기 10그램과 밥 10그램을 비교했을 때 고기는 단백질과 지방으로 구성되어 있고 밥은 탄수화물로 구성되어 있다. 그런데 탄수화물과 단백질은 열량이 4칼로리*고 지방은 열량이 9칼로리다. 그러므로 고기가 더 살이 찐다고 생각하기 쉽다.

문제는 열량 이외의 영양소다. 우선 사람의 몸에 축적되는 영양소에는 크게 지방과 탄수화물이 있는데, 탄수화물은 그 자체로는 축적되지 않고 지방으로 변해서 축적된다. 배, 허벅지, 팔뚝 등에 주로 끼게 마련이다. 하지만 단백질의 경우 축적되는 것보다 체외로 빠져나가는 양이 더 많다. 필요한 양만 취하고 나머지는 버리는 식이다. 또한 단백질은 근육을 만드는 데 쓰이기 때문에 몸무게가 늘더라도 꼭 필요하다.

사람은 움직이거나 운동을 할 때 열량을 소모한다. 이때 몸에 축적되어 있는 에너지를 소모하는데, 소모하는 열량보다 섭취하는 열량이 더 많다면 당연히 살이 빠지지 않는다. 더구나 영양소를 지방과 탄수화물에서 섭취하게 되면 운동을 해도 오히려 살이 찔 것이다. 탄수화물인 밥을 줄여야 다이어트에 도움이 된다.

아무리 운동을 해도 살이 안 빠진다고 말하는 사람이 있는데, 도통 말이 안 된다. 안 빠지는 것은 그만큼 많이 먹었기 때문이다. 하루에 우리가 정상적으로 체온을 유지하고 활동하는 데 필요한 열량은 1,420칼로리 정도다. 집에서 밥, 국, 찌개에 고등어조림을 먹고 디저트로 귤 두 개를 먹는다면 약 1,100칼로리를 섭취하게 된다. 점심으로 짜장면을 먹는다면 한 그릇의 열량이 450칼로리 정도이니 단무지와 춘장 묻힌 양파까지 먹어도 무난한 식단이다.

하지만 등산처럼 무리한 운동을 한다면 이야기가 달라진다. 아침식사를 하고 나와 6~8시간의 등산 후에 집으로 돌아온다면 1,750칼로리 정도가 더 필요하다. 약 10킬로그램의 배낭을 지고 시간당 3킬로미터를 걷는다고 했을 때 필요한 열량이다. 배낭이 더 무겁거나 산행의 속도가 빨라진다면 더 많은 열량이 필요할 것이다.

만약 산에서 김밥을 먹는다면 칼로리는 대략 170~230칼로리 정도다. 허기가 져서 두 줄 정도를 먹는다면 300칼로리, 후식으로 과일

과 떡까지 먹는다면 500칼로리 정도 섭취했다고 보면 된다. 아침식사를 했으니 지금까지 섭취한 열량은 약 1,600칼로리 정도다. 여기에 군것질로 비스킷 한 봉지(630칼로리), 초콜릿 하나(500칼로리), 사탕 한 개(100칼로리)를 먹는다면 하루종일 등산을 하면서 2,800~4,000칼로리를 섭취한 셈이 된다. 이 정도까지는 몸속 체지방이 분해되면서 부족한 열량을 보충해주므로 살이 붙을 겨를이 없다.

    문제는 등산이 끝나고 갖는 뒤풀이다. 목이 마르다고 시원한 막걸리를 한 잔, 두 잔 마시다 보면 에너지는 다시 보충된다. 취할 정도로 마시면 낮에 발산한 열량을 초과하면서 체지방이 증가한다. 매주 산에 오르는데도 살이 안 빠진다고 말하는 사람이나, 물만 마시는데도 살이 안 빠진다는 사람은 물리적으로 정직하지 못한 것이다.

소주 한 잔의 물리학

밥 한 공기는 크기에 따라 다르지만 보통 300칼로리쯤 된다. 알코올 농도가 25도인 소주는 50cc에 90칼로리 정도의 열량을 낸다. 막걸리는 200cc짜리 한 사발에 110칼로리를 낸다. 달짝지근한 막걸리 속에 당질이 9그램 정도 섞여 있기 때문이다. 여기서는 당분이 열량을 내는 근원이다. 알코올 도수가 낮은 맥주는 500cc 한 잔에 190~200칼로리의 열량을, 알코올 도수가 높은 양주는 40cc 정도의 한 잔에 110칼로리의 열량을 낸다. 알코올이 12도 정도인 와인은 150cc 기준으로 125칼로리 정도다. 당분이 많은 화이트 와인은 열량이 조금 더 높다.

결론적으로 소주를 세 잔 정도 마시면 밥 한 공기의 에너지와 비슷하다. 게다가 안주도 먹는다. 사실 술보다는 안주가 대부분 살로 간다. 술의 열량은 몸에 흡수되는 속도가 매우 빠르다. 왜냐하면 몸은 빨리

흡수되는 알코올부터 소화를 시키기 때문이다. 마신 술의 양이 적당하거나 적으면 알코올을 분해한 다음에 안주로 먹은 다른 음식들을 소화하고 흡수할 것이다. 하지만 알코올의 양이 과다하면 당연히 알코올만 흡수하고 남은 음식들은 그대로 몸에 축적한다. 과음한 다음 날 배가 더부룩한 현상도 이것 때문이다. 이런 생활이 반복되면 배에 지방이 축적되고 살이 찐다.

어떤 사람들은 이런 현상을 '부었다'고 표현한다. 하지만 부은 것이 아니라 알코올을 과다 섭취했기 때문에 생긴 물리적 현상일 뿐이다. 술을 한번에 많이 마시는 것보다 조금씩 자주 마시는 것이 좋다고 생각하는 사람도 있는데, 사실 매일 조금씩 마시는 습관이 더 위험할 수도 있다. 그런 음주 습관이 알코올 중독의 시작이기 때문이다.

세상에서 '적당히'라는 말처럼 애매모호한 단어도 없다. '술을 적당히 마시면 건강에 좋다'는 말도 세상에서 제일 성의 없는 말이다. 차라리 "당신이 적당히 알아서 드세요!"라고 하는 것이 더 뒤끝 없고 순수한 표현이 아닐까? 결코 쉬운 일은 아니지만 말이다.

3장

우리 주변의 물리 이야기

비 오는 날에는 뛰지 마세요

나는 웬만해서는 우산을 들고 다니지 않는다. 그래서 가끔 곤혹을 겪기도 하지만, 비가 그치면 우산만큼 거추장스러운 물건이 없기 때문이다. 또 하나의 이유는 학교에서 집에 갈 때 우산을 잘 쓰고 갔다가 다음 날 비가 그치면 우산을 집에 놓고 나오게 되는데, 비가 꼭 연속해서 오는 것이 아니니 집 또는 학교에만 우산이 무더기로 쌓인다는 것이다. 그렇다고 비가 오는 날을 대비해서 미리 반반씩 고르게 배치할 수도 없고 말이다.

   학교에서 집까지는 지하철로 다니는데, 지하철 역까지 약 3분이 걸린다. 비가 적당히 오면 나는 그냥 우산을 쓰지 않고 걸어간다. 지하철 역에서 내려 집까지 갈 때도 마찬가지다. 그렇다면 지하철 역까지 가는 데 비를 적게 맞는 방법이 있을까? 달리는 것이 나을까, 양반처럼

걷는 것이 나을까?

물리적으로 해석해보자. 먼저 1초당 몇 개의 빗방울이 떨어지느냐가 중요하고, 그다음 얼마나 오랫동안 비에 노출되어 있느냐가 중요하다. 빗방울을 맞는 수는 시간에 비례한다. 빗속에 오래 서 있을수록 더 많은 양의 비를 맞으니 말이다.

빨리 뛰어 최대한 비를 피한다면 어떨까? 아무래도 빗속에 있는 시간이 줄어드니 몸에 맞는 빗방울 수도 줄어들긴 한다. 하지만 걸을 때는 위에서 떨어지는 빗방울만 맞을 확률이 높은데, 달리면 몸의 앞쪽까지 비를 맞게 된다. 따라서 오히려 몸에 맞는 비의 양이 증가할 수 있다. 뛰어서 시간을 줄이기는 했지만 머리뿐만 아니라 몸 앞쪽까지 젖어버린다.

만약 여기에 바람까지 분다면 몸에 맞는 비의 양은 더욱 증가한다. 결론적으로 뛰어가든 걸어가든 비를 맞는 양은 비슷해진다. 비를 조금이라도 덜 맞겠다는 생각에 달려가다가 미끄러져 넘어지기라도 한다면 더 손해다.

유럽의 경우 10월이 지나면 비가 많이 온다. 매일 우중충한 날씨에, 하늘에서는 보슬비가 내린다. '적당히 내린다'라는 표현이 어울릴 정도로 비가 내리는데, 대부분의 사람들은 우산을 쓰지 않는다. 그냥 외투를 입고 천천히 걸어 다닌다. 안 그래도 좁은 길인데 우산까지 쓰고

걸으면 다른 사람들에게 피해를 줄 수도 있고, 뛰어봤자 비를 더 맞을 수도 있으니 차라리 방수가 되는 외투를 입고 천천히 걸어가는 것이 상책이라고 생각하는 듯하다.

하지만 폭우 속에서는 시간당 빗방울을 몇 개 맞느냐 하는 소리는 소용이 없다. 어차피 1분도 지나지 않아 다 젖는다. 우산을 써도 마찬가지다.

중년의 유부녀와 사진작가의 사랑을 다룬 영화〈매디슨 카운티의 다리 The Bridges Of Madison County〉에서 주인공 로버트 킨케이드와 프란체스카가 마지막 장면에서 보여준 애틋한 모습이 생각난다. 클린트 이스트우드 Clint Eastwood와 메릴 스트립 Meryl Streep이 남녀 주인공 역을 맡았는데, 아직도 생생할 정도로 감동적이었다.

남편과 함께 시내에 나갔다가 로버트의 자동차와 마주친 프란체스카. 깜빡이를 켜고 앞을 가로막은 채 움직이지 않는 로버트의 차를 바라보며 자동차 문 손잡이를 수도 없이 잡았다 놓으며 망설인다. 뒤에서 빵빵거리는 소리에 결국 차를 옆으로 뺀 후, 장대비 속에서 머리숱이 없는 50대 중년이 우두커니 비를 맞고 서 있다. 프란체스카는 차 안에서 여전히 손잡이를 쥔 채 이 모습을 바라본다.

이 장면에서 눈을 뗄 수 없었던 이유는 비극적인 상황을 묵묵히 받아들이고 서 있는 클린트 이스트우드와 멈출 수 없는 시간을 암시하듯

끊임없이 깜빡거리는 자동차의 깜빡이, 그리고 그 장대비가 쏟아지는 배경이 만들어내는 상황이 너무나도 가슴 아팠기 때문이다. 어쩌면 클린트 이스트우드는 이 시대 중년들의 삶에 대한 허무함, 사랑에 대한 허무함을 상징적으로 보여주려고 했을지도 모른다.

32
온돌방 아랫목 위에서 느낀 물리학

예전에 대학 후배 한 명이 이천에 살았다. 어느 한겨울에 술을 마시다 온돌 이야기가 나왔다. 그래서 한번 온돌 위에서 자보기로 하고는 날을 잡아 후배 집에 다같이 놀러 갔다. 오후에 도착해 밥을 먹고 빈방 구들에 불을 지폈다. 방바닥의 갈라진 장판 틈으로 연기가 모락모락 피어올랐지만 다들 즐겁기만 했다. '이 재미로 여기 왔지'라는 생각에 동네에서 받아 온 막걸리를 마시면서 시골 밤의 정취를 즐겼다.

날씨가 상당히 추웠으므로 새벽에 자다 일어나 불을 때는 것은 생각만 해도 싫었다. 자기 전에 후배와 같이 아궁이에 불을 열심히 때고는 늦게 잠이 들었다. 나는 운 좋게 아랫목을 차지했는데, 이게 웬걸. 점점 뜨거운 열기가 올라왔다. 잠결이었음에도 도저히 참을 수가 없었다. 두꺼운 솜이불 위로 올라가는 것도 모자라, 윗목으로 올라가 책상 아래에서 잠을 잤다. 아침에 일어나 보니 아직도 아랫목은 열기로 후끈했다. 이불을 개는데 이불 아랫면이 시커멓게 타 있었다. 본능적으로 피하지 않았으면 화상을 입을 뻔했다.

당시 뜨거운 구들의 온도는 몇 도 정도 되었을까? 아궁이에 불을 때면 구들장 온도가 올라가는 것은 열이 더운 곳에서 찬 곳으로 스스로 이동하는 열전도 현상* 때문이다. 그렇다면 온도는 최고 몇 도까지 올라갈 수 있을까?

물질에 열을 가하면 물질 내 열운동이 증가한다. 고체는 녹아버리고, 액체는 증발한다. 고체인 얼음이 녹아 물이 되고, 물이 증발해 수증기가 되는 이치와 같다. 온도가 더 올라가면 수증기 분자*들은 원자로 쪼개지고, 다시 원자는 전자를 잃으면서 전하* 입자가 구름처럼 변한다. 이것을 플라스마 상태*라고 한다. 우주의 별들이 바로 플라스마 상태이며 온도는 섭씨 수백만 도에 이른다.

보통 쇠가 녹는 온도는 1,800도 정도인데 태양 표면의 온도는 6,000도다. 엄청나게 뜨겁다. 사람이 뜨겁다고 느끼는 온도는 우리가 목욕탕에 들어갈 때의 온도를 생각하면 된다. 55도가 조금 넘는 물을 채운 목욕탕에 들어가면 뜨겁다고 느낀다. 이 정도면 성질이 급해 찬물인 줄 알고 뛰어 들어갔다가는 화상을 입을 수 있다. 성인에게 적당한 물 온도는 40도 근방이다.

반대로 춥다면, 체온에 대한 온도 차이를 느끼는 것이다. 바닷물에 빠지면 체온을 차가운 바닷물에 빼앗기면서 저체온증으로 사망에 이르게 된다. 37.5도의 정상체온을 유지시키기 위해 우리의 몸이 평소에 얼마나 고생하는지 생각해보라. 사실 체온이 1~2도 떨어져 35도만 되어도 추위를 느끼고 저체온증에 시달리게 된다. 반대로 39도 이상이 되면 고열로 쓰러진다. 우리의 몸은 이토록 온도에 민감하다.

그건 그렇고, 장판과 이불이 탈 정도로 달궈진 아랫목의 온도는 대체 몇 도였을까?

33
양은 냄비가 라면 끓이는 데 제격인 이유

찌그러진 양은 냄비는 라면 끓이는 데 제격이다. 불 조절이 잘 되고 물이 빨리 끓기 때문이다. 물리학적으로 이야기하자면 열전도가 좋고 양은 냄비의 재료가 비열*이 좋다는 뜻이다.

라면은 불 조절이 생명이다. 불 조절에 따라 라면의 맛이 판가름 난다. 짧은 시간 내에 빠르게 면을 끓이고 스프를 넣어서, 스프의 맛을 고르게 면에 침투시키는 것이 핵심이다. 이때 라면이 절대 퉁퉁 붇지 않도록 시간과 불을 조절해야 한다. 라면의 고수들은 라면을 끓이는 동안 불을 대여섯 번 키웠다 줄였다 하면서 정성을 들인다.

물리적으로 열은 더운 곳에서 추운 곳으로 이동한다. 만약 온도가 다른 물체들이 서로 접촉하고 있다면 뜨거운 것은 차가워지고, 차가운 것은 뜨거워져 결국 같은 온도가 된다. 요리하고 있던 프라이팬에 쇠

로 된 젓가락이나 숟가락을 올려놨다가 잠시 후 잡아보면 엄청나게 뜨겁다. 불의 열기가 프라이팬을 통해 전달된 것이다. 이런 방식의 전달을 '열전도'라고 한다.

불이 숟가락을 이루는 원자들을 가열하면 원자의 운동이 빠르고 격해진다. 그러면 서로 원자들이 충돌하게 되고, 결과적으로 숟가락 속 모든 분자들의 운동이 빨라져 온도가 전체로 전달되는 것이다. 만약 온도가 더 올라간다면 숟가락은 은색에서 주황색으로 변하고, 더 올라가면 빨간색으로, 급기야는 푸른색을 띠게 된다. 주황색을 띠는 온도는 대충 500~600도 정도다. 주황색을 띠기 전에는 눈으로 알아보기 어렵기 때문에 주의해야 한다.

열이 가장 잘 전달되는 금속은 은이고 구리, 알루미늄, 철이 그다음이다. 반대로 열이 잘 전달되지 않는 물질은 나무, 짚, 무명천, 종이, 스티로폼 등이 있다. 스티로폼은 건물을 지을 때 벽 사이에 넣어 단열재로 쓰기도 하는데, 열을 잘 전달하지 못하기 때문이다. 또한 중국집에서 사용하는 프라이팬 손잡이에는 대부분 나무를 덧대는데, 같은 이유에서다.

가끔 해외 토픽을 보면 빨갛게 달궈진 숯불 위를 맨발로 걷는 사람들이 있다. 마치 도를 깨친 사람처럼 보이겠지만 물리학자 입장에서 보면 "참, 그 사람 물리 공부 좀 했네! 열전도를 아는군!" 하는 생각이

3장 | 우리 주변의 물리 이야기

든다. 나무의 열전도율은 금속인 은에 비해 1,000분의 1 정도다. 목탄의 경우 나무보다도 더 열전도율이 낮다. 타고 남은 재를 재주껏 밟는다면 단열 작용으로 아주 적은 열만 발바닥에 전달될 것이다. 물론 시뻘겋게 불타고 있는 목탄을 밟는 것은 예외다.

  또 하나, 발이 물에 젖어 있다면 더 도움이 될 것이다. 물의 열전도율은 목탄과 같기 때문에 열이 발바닥에 직접 전달되지는 않을 것이다. 따라서 적당히 숯이 다 타서 하얀 재가 목탄 위에 깔리기를 기다렸다가 적당한 속도로 그 위를 걷는다면, 물리적으로 그렇게 어려운 일은 아닌 것 같다. 하지만 도대체 왜 달궈진 숯불 위를 맨발로 걷는 걸까?

추위를 막아주는
오리털 파카의 비밀

나는 겨울에도 연구실에서 반팔을 입고 지내는 일이 많다. 특히 오후가 되면 창문에 햇살이 비치고 천장에서 열기가 내려오니 연구실 안 온도가 올라간다. 결국 찬바람이 그리워 창문을 열게 된다.

그래도 밖에 나가려면 옷을 입어야 할 텐데, 추위를 피하려면 어떤 옷을 입는 것이 좋을까? 열전도가 안 되고 단열이 잘 되는 옷을 입어야 춥지 않다. 겨울에는 모나 오리털, 모피로 된 옷들을 주로 걸친다. 이런 옷감의 조직 사이에는 공기를 포함하는 공간이 많아 단열 효과가 크기 때문이다. 공기는 열전도가 매우 나쁜 특성이 있는데, 그렇다고 벌거벗은 임금님처럼 공기를 입을 수는 없는 노릇이다.

최고의 단열 효과를 내는 옷은 역시 오리털로 만든 파카다. 오리털은 추운 북유럽 지방에서 이불 속 재료로 사용되다가, 2차 세계대전 당시 폭격기 파일럿들이 고공에서 추위를 막기 위해 입기 시작했다. 지금은 최고급 스키복이나 등산복으로 발전했다. 오리털은 인간이 발견해낸 단열재 중에서 무게 대비 최고의 단열 성능을 지녔다.

오리털은 주로 오리고기를 즐겨 먹는 중국에서 많이 생산되지만, 최고의 오리털은 북유럽 등지에 사는 아이더 오리의 앞가슴 털이다. 특히 아이더 오리의 둥지는 최고 중에 최고로 손꼽힌다. 아이더 오리는 해변 가까이에 둥지를 트는데, 이때 암컷이 자기 가슴에서 털을 뽑아 둥지를 만든다고 한다. 둥지를 만드는 데 사용된 오리털은 알과 새끼를 따스하게 보호하려는 본능에서 최고로 좋은 털만을 뽑았으므로 그 품질이 가장 좋다.

북유럽과 북아메리카에서는 아이더 오리의 새끼들이 다 자라서 둥지를 떠나면 그것을 수확한다고 한다. 아이더 오리 둥지에서는 약 15그램의 오리털을 얻을 수 있는데, 탄성이 좋고 미세한 섬유 조직에 갈고리 모양의 마이크로 필라멘트가 발달해 서로 잘 뭉쳐져서 삐죽 삐져나오지 않는다고 한다. 가끔 파카 틈새로 삐져나오는 흰색 털은 오리나 거위의 꼬리 끝에서 나온 깃털이다. 이 깃털은 가슴에 있는 털에 비해 보온성이 떨어진다.

북극곰이 눈 속에서 잠을 자는 것도 단열 효과 때문이다. 혹시 추위에 얼어 죽지 않을까 걱정하는 사람도 있겠지만, 북극곰은 열전도가

와!
오리털 파카
죽이는데?

박사님,
펭귄 털이라는데요!

나쁜 얼음이나 눈을 이용해 주변에 벽을 만들어서 열이 밖으로 빠져나가는 것을 막는다. 그렇게 자신의 최저 체온을 유지하면서 겨울잠을 잔다.

  여기서 중요한 물리적 포인트는, 우리가 따뜻한 옷을 입는 이유가 찬 기운이 들어오는 것을 막기 위해서가 아니라 열이 빠져나가는 것을 막기 위해서라는 점이다. 열은 높은 온도에서 낮은 온도로 이동한다. 밖의 온도가 영하인데 우리 몸의 온도는 37도이니 몸의 열이 빠져나간다. 당연히 그러고 나면 체온이 급격히 떨어진다. 몸의 열이 밖으로 빠져나가는 것을 먼저 막아야 한다. 물리적으로 바깥의 추위는 우리 몸속으로 들어올 수 없다.

  하지만 아무리 좋은 옷이라고 해도 열이 빠져나가는 것을 100퍼센트 막지는 못한다. 그럴 때는 음식물을 섭취해서 열에너지로 바꾸고 몸의 열을 유지해야 한다. 히말라야를 등반하는 사람이 따뜻한 오리털 파카와 열량 많은 초콜릿으로 체온을 유지시키는 이유가 여기에 있다.

 35 중국집 주방장도 물리학자다

나는 요리의 핵심이 재료라고 생각한다. 신선한 재료가 맛있는 요리를 만든다. 빵을 만든다면 빵에 들어가는 재료인 밀가루, 소금, 물, 버터, 이스트(효모)가 신선하고 좋아야 한다. 그중에서도 신선한 밀가루는 필수다.

그다음은 정확하고 과학적인 레시피다. 손맛보다 우선이라고 해도 과언이 아니다. 여기서 '과학적'이라는 뜻은 모든 재료를 정확히 계량하고 화학적·물리적 반응과 결합을 조절하며, 적합한 열을 가해야 한다는 말이다. 그래야 예술적인 빵이 만들어진다.

물리적으로 열이 전달되는 방식은 세 가지가 있다. 물질을 따라 열이 전달되는 전도, 공기나 액체를 통해 열이 전달되는 대류*, 마지막으로 열로부터 열이 방사되는 열복사*다. 요리는 이 세 가지 방법을 통해

재료를 굽고, 조리고, 찌고, 끓이는 것이다.

열전도는 냄비나 프라이팬과 같은 금속에 열이 전달되는 것을 말하고, 대류는 기체나 물, 기름과 같은 유체에 열이 전달되는 것을 말한다. 냄비와 같은 금속은 형태가 정해져 있어서 움직이지 못하지만 유체인 기체나 물, 기름은 움직일 수 있다. 유체가 가열되어 온도가 높아지면 대류 현상으로 인해 가벼워진다. 따라서 가열된 것은 위로 올라가고, 상대적으로 적게 가열된 위쪽의 기체나 액체는 아래로 내려오게 된다.

냄비의 한 곳에 열을 가하는데도 전체적으로 온도가 일정하게 올라가는 것은 열전도 덕분이다. 반면 복사는 열을 전달하는 매개체가 없고, 빛에 의해 열이 전달된다. 태양은 우주에 있으므로 열을 전달해줄 물질이 없는데, 우리는 햇볕을 받으면 어떻게 따뜻하다고 느낄까? 즉 복사는 적외선에 의해 열이 전달되는 것이다.

또한 빨갛게 달궈진 난로나 전열기에서 느껴지는 열도 복사에 의해 전달되는 열에너지다. 이때 복사에너지의 양은 빛의 세기와 면적, 면적과 빛이 이루는 각도에 따라 달라진다. 전기나 가스 오븐의 경우 위 아래로 설치된 히터를 이용해 오븐 내부가 100도 이상이 되도록 가열하고, 식품에서 발생하는 수증기를 밀폐된 오븐에 가두어 조리한다. 오븐은 안정된 온도에서 식품을 가열하므로 시간이 다소 걸리지만 식품의 수분을 빼앗지 않는다. 그래서 적당히 가열하는 요리에 적합하

다. 쿠키나 빵을 만들 때 먼저 수분을 충분히 뿌려준 뒤에 오븐에 구워도 되는 이유다.

중국집에서 짜장면 하나가 완성되기까지 불의 세기를 열 번 정도 조절한다고 한다. 금속 프라이팬에 각각의 재료를 넣어가면서 그에 맞게 열을 조절한다는 것은 아무나 흉내 낼 수 없는 일이다. 짜장면 한 그릇조차도 과학과 예술의 경지에 있으니, 중국집 주방장이야말로 또 다른 의미의 물리학자인 것 같다.

36 팬티에도 물리학이 존재한다

열역학적으로 온도는 높은 곳에서 낮은 곳으로 흐르게 되어 있다. 옷을 입는다는 것은 열역학적 관점에서 매우 중요하다. 체온을 유지하는 행위이기 때문이다. 몸의 온도가 높아지면 열을 밖으로 내보내야 하고, 날씨가 추워지면 열이 몸에서 빠져나가는 것을 막아야 한다. 그렇다면 물리학적으로 삼각팬티와 사각팬티의 차이는 무엇일까?

몸의 주요 부위를 가려준다는 사실도 중요하지만, 팬티에는 기능적인 측면도 있다. 특히 남성의 속옷은 음낭과 음경을 보호해준다. 음낭을 받쳐주지 않으면 브래지어를 하지 않은 여성처럼 시간이 흐를수록 아래로 축 처지게 된다.

또한 운동을 할 때 좌우로 심하게 쏠리는 현상을 막아주고, 이물질이 몸에 묻는 것을 막아주는 위생 기능도 한다. 그래서 남성에게는 몸에 착 달라붙는 삼각팬티가 제격이라고 한다. 사각팬티, 특히 트렁크는 팬티가 아니라 그냥 가리개 정도라는 것이다.

하지만 삼각팬티도 큰 결점을 갖고 있다. 열역학적으로 고환의 온도를 높인다는 점이다. 물론 사각 트렁크 팬티도 마찬가지이긴 하지만, 강하게 밀착된 삼각팬티가 더 심하다. 남성의 고환은 섭씨 33.5도일 때 가장 건강한 정자와 남성호르몬인 테스토스테론을 생산하는데, 1도만 올라도 그 기능이 떨어진다고 한다. 이런 관점에서 삼각팬티는 남성에게 가장 치명적일 수 있다.

이런 점을 보완한 것으로 '라쉬반'이라는 팬티가 있다. 삼각팬티와 사각팬티의 장점만을 가진 기능성 팬티다. 구조적으로 설명하면 음낭과 음경이 분리되어 있어 음낭의 열 발산 면적을 넓혀주고, 동시에 음낭을 따로 처리해 항상 열 교환이 자유로운 상태를 유지하게 해준다. 당연히 운동할 때 사각팬티의 헐렁함을 보완해주기도 한다.

그나저나 팬티를 입으면서도 열역학 문제를 생각하는 것을 보면 나는 어쩔 수 없는 물리학자인가 보다.

3장 | 우리 주변의 물리 이야기

잠수함 안에서
숟가락을 떨어뜨린 군인

나는 이사를 자주 다녔다. 그 이유 중 하나는 소음이었다. 한번은 한강 근처에 살아보고 싶다는 생각에 강변에 있는 아파트 22층으로 이사를 했다가, 첫날밤부터 후회의 한숨을 내쉰 적이 있다.

전망은 황홀했다. 여의도의 불빛, 녹색의 밤섬, 주기적으로 한강을 거스르며 달리는 유람선. 창가에서 맥주를 한 잔 마시면서 야경을 바라보자 그저 흐뭇했다. '이런 환상적인 야경을 내가 차지하다니!'

만족스럽게 잠이 들려고 침대에 눕자마자 어디선가 총알이 날아가는 소리가 귓전을 때렸다. 늦은 시각 강변도로를 달리는 자동차 소리였다. 낮에는 길이 막혀 웅웅거리는 소리가 날 뿐이었는데, 밤이 되니 길이 뚫리면서 총알 소리로 바뀐 것이었다. 당연히 그날 밤 잠을 설쳤다.

다음 날 아침, 소음을 어떻게 하면 없앨 수 있을지 고민했다. 한 가지

방법은 창문을 이중창으로 바꾸는 것이다. 이중창은 두 장의 유리 사이에 공기 층을 만들어 소리의 전달을 막아준다. 하지만 전세로 들어간 집이니 내 마음대로 창을 교체할 수도 없었고, 더 중요한 문제는 그럴 만한 돈이 없었다. 당시 더운 여름이어서 창문을 열지 않고는 견딜 수 없었는데, 그러면 밀려드는 소음에 전혀 집중을 할 수가 없었다. 창문을 닫으면 그나마 소리가 조금 줄기는 했지만 이렇다 할 효과는 없었다.

소음을 측정하는 데는 'dB(데시벨)'이라는 단위를 쓴다. 보통 우리가 일상 생활을 하면서 나는 소음은 생활소음이라고 부르는데, 약 40데시벨 정도다. 우리가 카페에서 대화를 나눌 때의 소음은 60데시벨 정도다. 개인적으로 음악을 들을 때는 약 85데시벨, 록 콘서트에서는 약 110데시벨이다. 그리고 제트엔진의 소음은 150데시벨 정도다.

120에서 140데시벨 정도는 사람이 듣기에 고통스러운 수준이다. 또한 80데시벨 이상의 소음 속에 계속 노출되어 있으면 청각장애가 생길 수도 있다. 낮에 강변도로에서 정체된 차들이 만드는 소음은 100데시벨 정도고, 한밤중에 질주하는 자동차가 내는 소음은 120데시벨 정도로 어마어마하다.

강변의 아파트에서 한 달 동안 지내고 나니 잠을 제대로 자지 못해 낮에도 피곤에 시달렸다. 몸이 피곤하니 일에 집중이 안 되었다. 결국

3장 | 우리 주변의 물리 이야기

소음이 없는 곳으로 이사를 가기로 마음먹고 당장 집을 알아보았다. 전망 따위는 필요 없이 자동차 소리가 들리지 않는 곳을 찾아보았다. 문을 열어놓았을 때 바람이 잘 통하고 소음이 없는 곳이면 되었다.

다행히 동교동 근처에 집을 구했는데, 차도로부터 멀리 떨어져 있고 커다란 창문을 열면 남산이 정면에 보였다. 이곳으로 이사를 하고 나서야 비로소 잠을 편안히 잘 수 있었다. 당연히 낮에도 일에 집중할 수 있었고, 피곤했던 몸이 언제 그랬나 싶을 정도로 가벼워졌다. 한 가지 불편한 점은 비가 오면 벽을 타고 물이 샌다는 것이었지만, 매일 비가 오는 것도 아니고 악마의 비명 같은 소음을 피할 수 있다는 것만으로도 행복했다.

소리는 공기를 통해서 전달되기도 하지만 액체와 고체를 통해서도 전달이 된다. 소리는 공기 중에서보다 물속에서 네 배나 빨리 전달된다. 딱딱한 물체인 강철의 경우 열다섯 배나 빠르다. 소리는 액체보다 고체 내에서 더 빨리 전달된다는 이야기다.

기차가 눈에 보이지 않을 때도 멀리서 달려오고 있는지 아닌지 알 수 있는 방법이 있다. 철로에 귀를 대는 것이다. 강철에서 소리가 더 잘 전달되기 때문이다. 복도 끝에서 누가 오는지 알려면 귀를 벽에 대보라. 물에서도 마찬가지다. 물속에서 소리는 공기 중에서보다 더 잘 전달된다. 물고기는 사람들이 호숫가에서 걸어다니는 소리를 다 듣고 있다. 발걸음 소리조차 이러니 모터 소리나 엔진 소리는 당연히 아주 멀리까지 전달된다.

어느 영화에서 적군의 잠수정에 발각될 위기에 처한 잠수함이 엔진을 끈 상태로 숨어 있다가, 한 군인이 숟가락을 떨어뜨리는 바람에 들키고 마는 장면이 나온다. 적군의 잠수정에서 바닷물을 통해 전달된 작은 소음을 듣고 만 것이다. 공기 중이었다면 불가능한 일이다. 이 장면은 물리학적으로 아주 정확한 장면이다. 액체는 공기보다 소리를 잘 전달하기 때문이다.

소리의 속력은 기체보다 액체에서 빠르고, 고체에서는 더 빠르다. 물론 공기가 없는 진공 상태에서는 소리가 전달되지 않는다. 진공 상태인 우주에서는 아무리 소리쳐봐야 들리지 않는다. 그런데, 잠수함 안에서 숟가락을 떨어뜨린 그 군인은 어떻게 되었을까?

38
콘서트홀의 물리학

강변 아파트에서 들렸던 소음은 자동차 엔진에서 나온 것이다. 그런데 이 소리가 어떻게 22층까지 정확히 들린 것일까? 소리는 물체를 만나면 반사하는 특징이 있다. 우리는 소리의 반사를 보통 메아리라고 부른다.

예전에 공부하러 외국으로 떠나기 전, 경기도와 서울의 경계에 있는 산 밑에서 두 달 정도 산 적이 있다. 마을에 공기도 좋고 높지 않은 산이 있어 주변 사람들이 그 산에 많이 오르곤 했다. 나는 당시 밤늦게까지 일이나 공부를 하다가 새벽 세 시가 넘어서야 잠들곤 했는데, 잠이 들 만하면 그다지 높지도 않은 산 정상에서 사람들이 "야호!" 하고 외치는 바람에 깨곤 했다.

소리는 보통 1초에 340미터를 간다. 공기 중에 수증기가 있다면 소

리의 속력은 증가한다. 즉 아침에 안개가 살짝 낀 산 중턱이라면 소리가 더 빨리 전달된다. 탁 트인 정상에서 외치는 소리는 반대편 산에 반사해 돌아온다. 주변에 산봉우리가 여러 개 있다면 소리가 여러 번 반사하고 메아리가 되어 여러 번 들리게 된다. 정상에서 외치는 '야호'는 근처 주민에게 소음이 될 수 있다는 이야기다.

소리의 반사는 표면이 딱딱하고 평평할수록 크고, 부드럽고 울퉁불퉁할수록 작다. 평평한 면에서 빛이 잘 반사되듯 소리도 마찬가지다. 빛처럼 소리도 벽에 반사하는 각도나 반사면에 따라 성질이 달라지고, 음색도 달라진다.

반대로 반사면이 소리를 흡수해버리면 소리의 크기가 작아져 방안의 소리가 무뎌지고 생동감이 없어진다. 소리는 반사에 의해 풍부해지고 생동감이 생기기 때문이다. 연주회장이나 큰 강당의 경우 소리의 반사를 고려해 설계해야 하는데, 잘못하면 소리가 생동감 없이 전달되거나 웅웅거리면서 귀를 울린다.

콘서트홀을 유심히 보면 무대의 천장에 반사판이 설치된 것을 볼 수 있다. '천정 음향 반사판'이라고 하는데 연주자들의 머리 위에 한 개 또는 여러 개의 반사판을 설치하는 것이다. 이 반사판은 무대의 소리가 객석에 고르게 전달되게 하는 동시에 무대에서 떠도는 메아리를 없애고 저음을 효과적으로 확산한다.

'정면 음향 반사판'은 반사된 음이 객석 방향을 향하는 구조를 갖고 있는데, 관객뿐만 아니라 무대 위에서 연주하는 사람들도 자신이 만들어내는 음색을 적절한 균형으로 들을 수 있게 해준다. 또한 무대 좌우 측면에 설치된 '측면 반사판'은 연주자들이 서로의 소리를 잘 듣게 해주는 기능을 한다.

한 가지 더, 소리의 전달에는 리버브와 에코라는 현상이 있다. 에코는 산에서 듣는 메아리 현상으로 소리의 반사면이 하나인 울림이다. 리버브는 방 같은 실내에서 일어나는 울림 현상이다. 소리의 반사면이 많아 한 개의 소리가 여러 면에서 시간차를 두고 들린다.

모차르트의
클라리넷 협주곡

 모든 물체는 '자연 진동수'라는 것을 가지고 있다. 우리는 딱딱한 바닥에 동전을 떨어뜨릴 때와 종이를 떨어뜨릴 때 두 소리를 쉽게 구별할 수 있다. 두 물체가 바닥에 떨어질 때 다르게 진동하기 때문이다. 쇳조각을 두드릴 때와 종이를 두드릴 때의 진동도 다르다. 이렇게 물질의 상태나 모양에 따라 결정되는 특정 진동수*를 자연 진동수라고 한다.

 종이나 못에 자극을 주면 자신의 자연 진동수로 진동한다. 우주에 있는 모든 행성이나 위성, 심지어 원자나 분자까지도 자신만의 한 개 이상의 자연 진동수로 진동한다. 물론 지구 역시 자연 진동수가 있다.

 지구가 회전과 자전을 하면서 낼 수 있는 자연 진동수에 가장 가까운 소리가 모차르트의 〈클라리넷 협주곡 A장조 K.622〉라는 이야기가 있다. 모차르트가 클라리넷을 위해 쓴 협주곡은 이 한 곡뿐으로, 죽기

3장 | 우리 주변의 물리 이야기

두 달 전인 1791년에 작곡된 마지막 협주곡이다. 클라리넷이 저음과 고음을 넘나들며 내는 우아한 선율은 음의 진동이 우리의 심장과 교감하고 있다는 것을 증명하는 듯하다. 특히 제2악장에서 느린 속도로 흘러나오는 클라리넷의 깊고 풍부한 음색을 들으면 가슴이 저려온다.

이 음악을 배경으로 한 영화가 그 유명한 〈아웃 오브 아프리카Out of Africa〉다. 로버트 레드포드Robert Redford와 메릴 스트립이 초원에서 원숭이들을 위해 이 곡을 들려주는 장면이 나온다. 원숭이가 이 음악의 주파수에 어떤 반응을 보이는지를 실험하기 위해서지만, 원숭이는 음악을 이해하지 못하고 관심이 없다는 듯 전축을 만진다. 원숭이에게는 음악이 아니라 전축 자체가 흥미로웠던 것이다. 다양한 음악을 소화할 수 있다는 것은 다양한 주파수의 진동수로 음악을 소화한다는 뜻이다. 원숭이는 이런 능력이 없다.

우리가 평소 듣는 소리는 대부분 소음이다. 에어컨이 돌아가는 소리, 자동차가 웅웅거리는 소리, 문을 닫는 소리, 발걸음 소리, 바람 소리 등이 모두 소음이다. 소음은 외부의 불규칙한 진동이 고막을 불규칙하게 진동시켜 생긴다. 반면 음악 소리는 음의 상대적인 높이 변화를 보인다. 하지만 음악 소리와 소음을 절대적으로 구분할 수는 없다. 현대음악을 하는 사람에게는 소음과 음악의 구분이 무의미하다.

그 대표적인 사람이 존 케이지John Cage로, 백남준의 영적 스승으로

도 알려져 있는 작곡가다. 그는 화성악보다 소음을 좋아했다. 그의 대표적인 음악이 바로 1952년에 발표한 〈4분 33초〉라는 곡이다. 이 작품은 아무나 어떤 악기를 써서 연주해도 되는데, 당시에는 무대 위에 놓인 피아노 앞에서 연주자가 멍하니 앉아 있기만 했다. 4분 33초 동안 공연장 내의 기침 소리, 숨소리, 의자의 삐걱거림, 공연장 밖에서 들리는 소음까지 모두 합친 것이 음악이라는 철학적 작품이다. 이 곡의 악보를 보면 'TACET(조용히)'이라고만 쓰여 있다.

이런 곡을 쓰게 된 계기는 무엇이었을까? 1940년, 존 케이지는 하버드대학교의 방향실에 들어가게 된다. 방향실은 벽과 천장이 소리를 흡수하도록 설계된 방이다. 케이지는 그 방이 완벽히 조용할 것이라고 생각했지만, 사실 그렇지 않았다. 그는 완벽히 소리가 나지 않을 것이라고 생각한 곳에서 소리를 경험하고, 절대적인 무음은 없다는 발견을 〈4분 33초〉라는 곡으로 표현한다.

이 작품이 미술에 영향을 받았다는 주장도 있다. 존 케이지의 친구가 전시회에 빈 캔버스를 걸어놓은 적이 있었던 것이다. 그 작품은 전시된 곳의 조명 상태나 이를 바라보는 사람들의 그림자 등에 의해 모습이 계속 바뀐다. 이것이 케이지에게 영감을 주었을지도 모른다. 아무튼 존 케이지의 시도는 가히 혁명적이었다.

지구가 자꾸 더워지고 있다

대기권은 지구에 생명체가 사는 데 여러 가지 중요한 역할을 한다. 외계에서 지구로 들어오는 해로운 빛을 흡수해주고, 운석이 충돌하는 것을 막아주는 보호막 역할을 하기도 한다. 그리고 지표가 내는 열의 일부를 흡수해서 지구를 보온해주며, 공기의 대류 현상을 통해 열을 고르게 퍼뜨림으로써 지구 전체의 온도 차이를 줄인다. 또 동식물이 호흡하는 데 필요한 산소를 품고 있기도 하다.

물리적으로 대기권은 태양의 복사에너지를 흡수해서 에너지를 얻는다. 그래서 지구가 따뜻하게 유지되는 것이다. 한편 지구는 복사에너지를 우주 공간으로 방출하기도 하는데, 대기권 내에서 열을 흡수하는 것과 우주로 열을 방출하는 것이 같은 비율로 일어날 때 지구는 평형 온도에 도달하게 된다.

지구는 19~27도의 평균 온도를 유지해왔고, 현재는 27도 정도를 유지하고 있다. 만약 지구가 받아들이는 태양의 복사에너지가 증가하거나, 지구가 우주로 방출하는 에너지가 감소한다면 지구의 온도는 상승할 것이다.

이렇게 지구 복사와 태양 복사의 균형을 이루어주는 대기권 기체로 인해 생기는 현상이 바로 온실 효과*다. 주로 낮은 대기층에서 발생한다. 태양에서 오는 복사에너지는 자외선*, 가시광선, 짧은 파장의 적외선, 마이크로파, 라디오파*의 파동으로 구성된다. 태양은 온도가 높으므로 짧은 파장의 파동을 내보낸다. 이 중에서 가시광선은 대기층을 쉽게 통과해서 지구의 지표면에 도달하고, 지표면은 이 에너지를 일부 흡수하고 일부 방출한다.

지구 표면은 태양보다 당연히 온도가 낮으므로 긴 파장의 적외선을 대기 중으로 방출한다. 이런 긴 파장의 파동은 대기층을 통과하기가 어렵다. 대기층의 기체들은 주로 탄산가스와 수증기로 이루어져 있는데, 이 층에서 긴 파장의 복사에너지를 일부 흡수한 뒤 다시 방출한다. 따라서 지구가 방출한 에너지의 일부는 다시 지구로 돌아온다.

이것이 지구를 덥게 만드는 온실 효과다. 만약 온실 효과가 없다면 많은 에너지가 지구 밖으로 빠져나가 지구의 평균 온도가 영하 18도 정도로 떨어질 것이다. 지구는 냉각되고, 빙하기가 다시 올지도 모른

다. 이런 이유로 대기권의 온실 효과는 물리적으로 중요한 의미를 갖는다.

  화초를 재배하는 온실은 꽃을 재배할 때 태양에너지가 밖으로 빠져나가지 못하도록 유리로 차단한다. 짧은 파장의 햇빛이 유리 지붕을 통해 들어오면 온실 안의 흙과 꽃이 태양에너지를 흡수하는데, 이때 태양에너지를 흡수한 흙과 꽃은 다시 긴 파장의 적외선을 방출한다. 그러나 긴 파장의 파동은 유리를 잘 통과하지 못하므로 온실이 점점 더워지게 된다. 또한 온실에는 내부의 더운 공기가 도망가지 못하게 하는 기능도 있다. 시골에 가면 여기저기 보이는 비닐하우스도 비슷한 기능을 한다.

오존층과 지구 온난화

얼마 전 지구과학자와 점심을 먹으면서 북극의 빙하가 사라지면 무엇이 제일 문제인지 물었다. 나는 북극곰이 제일 타격을 많이 받지 않을까 생각했는데, 뜻밖에도 지구과학자의 대답은 바닷속 생물이 받는 악영향이었다.

 지구 온난화 때문에 겨울이 짧아지면 북극에서 빙산이 생기지 않고, 결국 바닷물이 움직이지 않게 된다. 바닷물이 얼면 북극의 빙산 아래 바닷물의 염분 농도가 올라가고, 염분이 높은 바닷물이 염분이 낮은 곳으로 이동하면서 해류를 형성해야 하는데 이런 한류와 난류의 움직임이 없어지거나 바뀌면 바닷속 생태계에 대변화가 온다는 이야기다. 최근 우리나라 동해안에서 잡히는 물고기가 난류성 어종으로 바뀌었다는 소식도 같은 맥락이다.

문제의 핵심은 이산화탄소 같은 온실가스*들이 대기권에 형성되어 에너지를 과다하게 가두기 때문에 지구가 계속 더워지는 것이다. 이때 가장 문제가 되는 물질이 프레온가스와 이산화탄소다.

프레온가스는 냉매나 반도체 세척 등의 용도로 많이 쓰인다. 현재 많은 나라에서 프레온가스를 규제하고 있는 까닭도 이것이 지구에 미치는 악영향이 어마어마하기 때문이다. 프레온가스는 화학적으로 지극히 안정화된 상태로 오존층*을 파괴한다. 오존은 산소 원자 세 개로 이루어진 구조다. 산소 원자는 두 개가 결합되어 있을 때 가장 안정적이므로, 오존은 화학적으로 극히 불안정한 상태다. 이럴 때는 산소 원자가 두 개인 상태로 돌아가려는 성질이 크다. 프레온가스는 이런 성질을 이용해 오존층을 파괴하는 것이다.

이산화탄소의 발생도 오존층과 관련이 있다. 태양에서 오는 자외선은 생명체 내의 세포를 파괴하고 인체에 치명적인 해를 끼칠 수 있는데, 파장이 짧기 때문에 투과율이 매우 높다. 오존층의 물리적 역할은 방패 막처럼 자외선을 일부 감소시키는 것이다.

오존층은 지상 생물의 생존을 위해 필수적인 존재다. 오존층은 태양의 자외선을 상공에서 흡수해 지상 생물이 해로운 자외선을 쐬지 않도록 보호한다. 310밀리미터 이하의 짧은 파장을 가진 자외선은 생물 세포의 핵산을 파괴하는데, 오존층이 이 자외선을 적절하게 조절해준다.

그러나 문제는 오존층이 흡수하지 못한 자외선이다. 지구상에 누출되는 자외선의 양은 상공의 오존량에 따라 민감하게 변한다. 물론 생물은 여러 가지 자기방어 기능을 갖추고 있지만, 그 기능을 넘어서는 자외선에는 속수무책이다.

오존층은 대기 구조 및 기상학에서도 중요한 존재다. 오존이 흡수하는 자외선 에너지는 상공의 대기를 가열하고 기온의 역전 구조를 만들어낸다. 즉 오존의 가열 효과가 성층권의 형성을 결정하는 유일한 요인이다.

또한 오존의 대기 가열 효과는 위도에 따라 차이가 있으므로 이 차이를 해소하기 위해 성층권에서도 대규모 대기 순환이 일어난다. 이 순환은 하층의 대류권 순환과 함께 일어나며, 오존은 이것을 타고 저위도에서 고위도로 운반된다. 따라서 태양에서 가장 가까우며 오존 생성이 가장 왕성한 저위도의 상공보다는 고위도의 상공이 오존 농도가 높다. 또한 성층권에서의 오존 수송은 봄에 가장 활발해지기 때문에, 계절로 보면 봄에 오존 농도가 짙고 가을에는 옅어진다.

대기의 대순환은 기후를 결정하는 요인 중 하나지만, 오존층도 대기 대순환과 서로 영향을 미치기 때문에 중요한 기후 결정 인자다. 또한 오존은 적외선 복사를 강하게 흡수하고 방출하기 때문에 대기의 열복사에도 큰 영향을 미친다. 이런 점에서도 오존층은 지구의 환경을 유지하는 데 아주 중요하다.

가솔린 엔진과 디젤 엔진

일본에서 유학하던 시절, 지도교수가 자신의 600cc 혼다 자동차를 내게 주시던 날이 지금도 기억난다. 집 앞으로 직접 차를 몰고 오셔서 자동차 키를 건네시고는, "동네 한 바퀴 돌아봐라" 하시면서 팔짱을 끼고 조수석에 앉으셨다. 지도교수를 옆에 앉히고 운전을 한다는 것이 여간 떨리는 일이 아니었는데, 지도교수는 더 빨리 가도 된다고 하시며 용기를 북돋아주셨다.

그렇게 내게 생전 처음으로 자동차가 생겼다. 겨우 티코 같은 사이즈의 작은 자동차였지만 새벽에 드라이브를 할 때의 충만감은 이루 말할 수 없었다. 살던 곳이 바닷가 근처라서 주말이면 낚싯대를 싣고 낚시를 다녔고, 친구들이 놀러 오면 공항으로 마중을 나가기도 했다. 후배들이 갖고 온 짐을 실으면 공간이 부족해서 짐을 무릎에 얹고 가야

박사님은 환경을 생각해서 중고차만 타신다면서요?

돈이 없어서 중고차 타지. 나도 새 차 타고 싶다고!

했다. 운전 방향과 운전대 위치도 반대여서 한국에서 오는 사람들은 조수석에 앉는다는 것이 운전석에 앉기도 했다.

한동안 이 자동차를 열심히 타고 다녔는데, 나중에는 중고차 시장에도 내다 팔 수 없을 정도로 상태가 형편없어졌다. 가끔 학생들이 나보고 "이 자동차 괜찮은 겁니까? 조심하셔야겠습니다"라고 농담을 하곤 했다. 중간에 수리를 했지만 학교와 집을 오가는 것보다 더 멀리 달리기에는 무리였다.

이때 누군가가 중고차를 싸게 판다고 해서, 고민 끝에 이 차를 폐차하기로 결정했다. 내가 사정 이야기를 하자 지도교수는 환하게 웃으며 축하한다고 하셨다. 그 웃음 속에는 자신이 준 중고차에 대한 걱정에서 벗어날 수 있어 안심하시는 모습이 역력했다.

그건 그렇고, 자동차 엔진에는 가솔린 엔진과 디젤 엔진이 있다. 가솔린 엔진은 실린더 내에서 연료와 공기의 혼합 가스를 폭발시켜 피스톤의 왕복 운동이 만드는 힘으로 자동차를 움직인다. 그렇다면 터보 자동차는 무엇일까? 터보 엔진은 공기를 강제로 압축시켜 공기의 밀도를 높인다. 이렇게 하면 혼합 가스가 폭발하는 과정에서 연료가 잘 연소*되고, 불완전 연소로 생기는 찌꺼기가 엔진에 남지 않아 일반 엔진보다 효율이 높아진다.

디젤 엔진은 먼저 실린더 안에 공기를 흡입해 고압으로 압축한 다음, 불꽃이 일어나면 여기에 '중유'라고 하는 디젤 연료를 분사해서 폭발시킨다. 이 힘으로 피스톤을 운동시켜 자동차 동력을 얻는다. 최근에는 디젤 엔진의 열효율*이 가솔린 엔진보다 더 좋아졌는데, 주된 원인은 휘발유와 경유의 특성 차이 때문이다. 휘발유는 경유보다 낮은 온도와 낮은 압력에서 불이 붙는 반면, 경유는 상대적으로 높은 온도와 압력에서 불이 붙기 때문에 엔진 내부의 온도와 압력을 높일 수 있어서 높은 효율을 보이는 것이다.

하지만 디젤 엔진의 경우 엔진 내부가 고압이므로 엔진의 소음과 진동이 큰 단점이 있다. 오늘날에는 소음을 제거하는 기술, 그리고 엔진을 정교하게 만드는 기술이 발전해 소음을 많이 줄이는 데 성공했다.

자동차 계기판을 보면 속도계 옆에 엔진의 회전 수를 나타내는 '타코미터'라는 장치가 있다. 잘 살펴보면 가솔린 엔진을 사용하는 승용차에는 6,000~8,000까지 표시되어 있지만, 디젤 엔진을 사용하는 버스에는 2,000~3,000정도까지만 표시되어 있다. 그만큼 가솔린을 사용하는 엔진의 회전이 빠르고 고속 주행에 유리하다는 뜻이다.

디젤 엔진은 회전 수가 적은 대신 힘이 뛰어나다. 여기서 엔진 파워의 물리적 의미는 엔진이 일을 할 때 단위시간당 이루어지는 일의 양이다. 그래서 RV 차량과 SUV 차량, 그리고 버스, 트럭, 굴착기, 크레인과 같은 대형차와 선박에 디젤 엔진을 사용하는 것이다. 반면 속도가 빠른 가솔린 엔진은 자동차나 프로펠러 비행기에 사용된다.

놀라운 것은 자동차 엔진에서 가솔린을 사용하고 얻는 열에너지 중 오직 26퍼센트만이 자동차를 움직이는 역학적 에너지 출력에 사용된다는 사실이다. 즉 가솔린에서 나오는 에너지의 26퍼센트만이 자동차를 움직이는 데 사용된다는 뜻인데, 이것을 '효율'이라고 한다. 나머지 에너지는 자동차 엔진의 과열을 막기 위해 사용하는 냉각수를 거치며 36퍼센트가 손실되고, 38퍼센트는 공기 중으로 방출된다. 자동차가 정지해 있을 때 열이 느껴지는 이유는 38퍼센트의 방출된 열에너지 때문이다.

26퍼센트의 에너지 출력에는 가속에너지 3퍼센트, 굴림에너지 6퍼센트, 부속장치 작동 에너지 3퍼센트, 정지해 있을 때 사용하는 공회전 에너지 4퍼센트, 공기 저항 7퍼센트, 자동변속장치 손실 3퍼센트 등이 있다. 지극히 일부의 에너지만 자동차를 가속하는 데 사용된다는 사실을 알 수 있다. 1퍼센트를 우습게 생각하겠지만, 여기서 공회전 에너지의 저항과 손실을 1퍼센트라도 줄인다면 공학적으로 획기적인 발견일 것이다. 0.5퍼센트를 줄이는 것 역시 공학자의 부단한 연구 없이 이루어질 수 없는 일이다. 세상을 움직이는 힘은 0.1퍼센트의 진보에 있다는 사실을 잊어서는 안 된다.

배기가스, 왜 심각한 문제일까?

사람들은 자동차의 문제점이나 개선점을 생각하라고 하면 으레 파워나 연비만 고려한다. 하지만 본질적인 문제는 배기가스다. 오늘날 자동차 배기가스 문제는 우리가 생각하는 것보다 훨씬 더 심각하다.

자동차 배기가스에서 일산화탄소와 질소산화물 가스가 가장 문제가 된다. 특히 일산화탄소는 무색 무취의 독성 기체로, 혈관 내의 산소 운반 능력을 감소시킴으로써 지각력과 사고력을 둔화시키고 두통 등을 유발할 수 있다. 일산화탄소는 엔진에 공기를 많이 넣어 완전 연소를 시키면 줄일 수 있다. 탄소를 포함하는 연료가 완전히 연소되지 않았을 때 일산화탄소가 공기 중으로 방출되기 때문이다.

질소산화물은 디젤 엔진 내부의 온도를 낮추면 줄일 수 있다. 하지만 가솔린 엔진보다 높은 온도와 압력에서 작동하는 디젤 엔진의 경우

질소산화물이 많이 발생할 수밖에 없다. 반면 디젤 엔진이 일산화탄소 배출은 적다. 가솔린 엔진은 일산화탄소를 많이 배출하는 대신 질소산화물이 적게 발생한다.

디젤 엔진과 가솔린 엔진이 갖는 딜레마가 여기에 있다. 일산화탄소를 줄이려면 디젤 엔진이 적합하고, 질소산화물 가스를 줄이려면 가솔린 엔진이 적합하다. 또한 가솔린 엔진의 효율이 증가할수록 질소산화물이 증가하기도 한다. 높은 효율만을 따지면 안 되는 이유다.

일산화탄소는 연탄이나 석유와 같은 화석 연료의 불완전 연소에 의해 발생하는 무색, 무미, 무취의 가스다. 피부나 점막에 주는 자극도 없어 감지하기가 어렵다. 일산화탄소는 헤모글로빈과의 결합력이 산소에 비해 300배 이상 커서, 체내의 산소 운반 작용을 저하시키고 신체 조직에 저산소증을 일으킨다. 일산화탄소를 오래 들이마시면 인지 작용과 사고 능력이 감퇴하고, 반사 작용도 저하되어 졸음과 협심증이 유발되면서 무의식 상태에 빠진다. 심하면 사망까지 이를 수 있다. 일산화탄소 발생량의 80퍼센트 이상을 자동차와 수송 분야가 차지하는 만큼, 자동차의 일산화탄소 문제는 심각하다.

질소산화물은 일산화질소와 이산화질소를 통칭하는 말이다. 디젤 연료가 연소할 때 공기 중의 산소와 질소가 높은 열에 의해 반응하면서 생성된다. 질소산화물은 대기 중에서 탄화수소와 함께 햇빛과 광화

학 반응을 하면서 오존을 생성한다. 일산화질소는 무색, 무취의 기체로 공기와 반응하면 이산화질소로 산화한다. 이산화질소는 적갈색을 띠며 자극적인 냄새가 나고, 호흡 시 체내의 폐 세포에 침투해 점막 분비물에 흡착되고 강한 질산을 형성한다. 이것이 호흡기 질환을 유발해 폐수종, 기관지염, 폐렴까지 일으킬 수도 있다.

배기가스 문제를 해결하기 위해서는 일단 자동차에서 나오는 배기가스 양을 줄여야 한다. 하이브리드 자동차, 전기 자동차, 수소 자동차와 같은 무공해 자동차를 개발하고 알코올 같은 대체 연료를 사용하는 저공해 자동차의 보급을 강력히 추진해야 하는 이유가 바로 이것이다.

천연가스를
이용하는 버스

배기가스에 대해 이야기할 때 가장 먼저 등장하는 것이 버스다. 예전에 내가 다니던 초등학교는 버스를 타고 고개를 넘어야만 도착할 수 있었다. 매연을 내뿜으며 언덕을 오르는 버스 속에서 차멀미를 하던 기억이 난다.

지금은 참 좋아졌다. 버스가 진화한 것이다. 요즘 버스를 자세히 보면 'CNG 버스'라고 쓰여 있다. CNG는 'Compressed Natural Gas'의 약자로, 압축 천연가스를 원료로 사용한다는 뜻이다. 기존의 디젤 엔진 차량과 비교했을 때 매연이나 미세 먼지가 전혀 나오지 않고 소음도 절반 수준이다. 하지만 일반 버스에 비해 차량의 가격이 비싼 편이다.

어떤 연료를 사용하는지에 따라 천연가스 자동차에도 여러 종류가 있다. 압축된 천연가스를 연료로 사용하는 CNG(압축 천연가스) 자동

박사님, 맹물로 가는
효율 100퍼센트
엔진을 생각해냈습니다!

세상에 맹물만 먹고
사는 놈 봤냐?

차, 액화 상태의 천연가스를 사용하는 LNG(액화 천연가스) 자동차, 천연가스를 연료 용기에 흡착·저장했다가 사용하는 ANG(흡착 천연가스) 자동차 등이다.

천연가스 버스는 기존의 경유 차량과 비교했을 때 오존을 만드는 물질인 질소화합물을 배출하는 양이 디젤 차량의 37퍼센트이며, 일산화탄소와 탄화수소의 경우 각각 41퍼센트와 16퍼센트 수준이다. 천연가스 버스는 일반 경유 버스에 비해 대기오염 발생량이 10분의 1 수준밖에 되지 않는다. 또한 연료의 안전성도 높다.

대기오염을 생각하면 천연가스 버스의 운행이 당연하다는 생각이 들지만, 가격이 문제다. 과학의 발전, 공학의 발전은 항상 세상을 앞서갔다. 하지만 세상은 경제성에 기반을 둔 기술을 선택했다. 심각한 대기오염의 해결이 과연 경제성을 고려해야만 하는 사항인지는 우리 모두 다시 생각해봐야 한다.

45 방귀에 물리학적으로 접근하기

사람은 누구나 하루에 10여 차례 방귀를 뀐다고 한다. 하루에 배출하는 방귀의 총량은 0.5에서 1리터 정도로, 최소한 맥주 500cc 분량을 체내에서 배출한다는 소리다. 장이 비정상일 때는 1.5~4배를 더 뀌고, 환자의 경우 정상인보다 3~10배까지 더 뀐다고 한다.

방귀의 양이 많거나 밀어내는 힘이 세면 자연스럽게 소리가 크게 난다. 의학적으로 소리가 큰 방귀는 탄수화물 음식을 섭취했을 때 나온다. 가스의 양이 많고 밀어내는 힘이 세므로 소리가 크게 난다. 하지만 장점은 냄새가 독하지 않다는 것이다. 문제는 소리가 작은 방귀다. 고기를 포함한 단백질 음식을 섭취하면, 가스 양이 적어 소리가 작지만 냄새는 지독하다.

방귀의 물리학적 원리는 피리의 원리와 같다. 방귀 소리는 공기의

떨림과 진동에 의한 현상이다. 피리를 불 때의 강제적인 떨림 현상과 동일하다. 체내에서 진동을 일으킬 수 있는 가스의 힘을 일시적으로 가했을 때 분출하는 곳의 압력이 커지고 속도가 빨라져 떨림과 공명 현상이 발생하는 것이다.

따라서 우리가 의지력을 발휘해 힘을 조절한다면 방귀 소리의 높낮이도 조절할 수 있다. 물리적 원리와 자신의 신체적 구조를 이해하고 훈련을 한다면 방귀 소리 때문에 한순간에 명예를 잃는 일을 어느 정도 방지할 수 있다는 뜻이다.

그렇다면 방귀의 양을 물리적으로 줄일 수도 있을까? 결론부터 이야기하자면 그럴 수 없다. 에너지 보존 법칙과 마찬가지로 방귀의 총량도 보존되어 있다. 대통령이든 대통령 비서든, 사장님이든 월급쟁이든 방귀의 기본 총량은 비슷하다. 누가 고기를 먹고 독한 방귀를 뀌느냐, 누가 채소를 먹고 약한 방귀를 뀌느냐의 문제다.

문제의 핵심은 방귀가 지구 온난화에 미치는 영향을 생각해야 한다는 것이다. 사람의 가스 배출로 인해 발생하는 환경 문제를 한 번쯤 과학적으로 생각해봐야 한다. 규제를 통해 자동차의 배기가스 배출을 줄이듯 방귀도 줄이는 것이다.

아침에 일어나면 바로 큰 잔으로 물을 마셔보자. 잠자는 위와 장을 활성화해 아침에 대변을 보기 쉽도록 해줄 뿐 아니라 위를 깨끗이 청

소하고 비워주는 효과가 있다. 대변이 장에 오래 머물수록 몸에 해로울 수 있다. 몸속의 가스가 어디로 가겠는가?

방귀를 억제하는 최고의 방법은 매일 아침 대변을 보고 장을 비우는 것이다. 식사는 과일, 야채, 수프 등 소화가 쉬운 음식을 섭취하고, 꼭꼭 씹어 삼켜 소화력을 향상해야 한다. 소화가 덜 되면 가스도 많이 나오고 방귀 냄새도 더 지독하다. 특히 탄수화물은 가스 양이 많지만 냄새는 적고, 단백질은 가스 양이 적지만 냄새는 지독하다. 그중에서도 달걀을 먹고 나오는 냄새가 가장 지독하다. 따라서 아침 식사로는 달걀과 고기를 피하는 것이 좋다.

식단을 조절했는데도 어쩔 수 없이 나오는 방귀는 피할 수 없다. 무식하게 물리적인 힘을 줘서 주변 친구에게 피해를 끼치지 말고, 적절한 힘과 타이밍을 이용해 해결하자.

방귀 뀔 때도
세금을 내라!

흔히 방귀의 주된 성분이 암모니아라고 알고 있지만, 사실은 메탄가스다. 물론 그날 먹은 음식이나 방귀가 나올 당시 장내에 존재하는 물질 성분, 장내에 존재하는 박테리아 균에 따라 다를 수는 있다.

메탄가스는 최근 차세대 연료로 각광받고 있다. 보통 LPG라고 부르는 가정용 연료는 부탄과 프로판으로 이루어져 있고, 도시가스에 사용되는 것은 LNG인데 이것이 바로 메탄가스로 이루어져 있다. 부탄가스는 우리가 삼겹살을 구워 먹을 때 사용하는 가스다.

메탄가스는 완전히 연소하게 되면 수증기와 이산화탄소가 형성되기 때문에 인체에 해가 없는 청정 연료다. 문제는 메탄가스 자체다. 메탄가스가 공기 중에 있으면 지구 온난화를 가속한다.

대기 중에 존재하는 메탄가스는 공해로 분류된다. 일산화탄소보다

심각한 존재는 아니지만 메탄가스의 양이 너무 많아지면 정말 심각해진다. 더 심각한 문제는 메탄가스를 만드는 주범이 인간을 비롯한 동물이라는 점이다.

인간은 하루 500cc 정도를 배출하지만, 소가 배출하는 방귀 양은 엄청나다. 인간의 열 배 이상이다. 뒤로 나오는 가스뿐만 아니라 앞으로 나오는 소의 트림 역시 어마어마한 양이다.

자동차의 매연은 규제가 가능하지만, 소와 인간의 자연적 생리 현상에 의한 환경 파괴는 어떻게 규제해야 할까? 방귀를 참으면 가스가 소장으로 역류해서 혈액에 흡수되고 몸 구석구석을 오염시켜 병이 된다. 배출되어야만 하는 생리적인 현상을 법적으로 규제한다는 것은 인간의 존엄성 자체를 파괴하는 행위다. 그렇다고 방치할 수만은 없다. 뭔가 대책이 필요하다.

1999년 일본 교토에서 체결된 일명 '교토협약'은 전 세계 169개국이 참여해 2012년까지 각국의 온실가스 배출을 의무적으로 줄이도록 규정했다. 그런데 정작 세계에서 온실가스를 가장 많이 배출하고 있는 미국과 호주가 경제적 손실을 이유로 참여하지 않았다.

흥미로운 점은 뉴질랜드의 경우 '교토협약'을 성실히 이행하려는 취지에서 '방귀세'를 신설하려 했다는 것이다. 방귀를 엄청나게 배출해대는 소와 양의 목장주들에게 방귀세를 부과함으로써 온실가스도 줄

이고 공해 방지 연구 자금도 마련하려는 생각이었다. 하지만 축산업자들의 엄청난 반대에 부딪혀 무산되고 말았다.

방귀에도 세금을 물리려 한 발상이 그저 엉뚱하다고 생각하겠지만, 소가 배출하는 메탄가스 양이 뉴질랜드에서 배출되는 전체 온실가스의 55퍼센트를 차지한다는 사실을 고려하면 우습지만은 않다. 자동차 매연보다도 심각하다.

하지만 문제는 뉴질랜드보다도 소의 수가 더 많은 나라의 움직임에 있다. 세계 최대의 축산 국가인 호주의 경우 국제협약 가입 자체를 거부했다. 속된 말로 '방귀 뀌고 나 몰라라' 하고 있는 것이다. 이외에도 축산업의 발달로 소, 양, 돼지가 내뿜는 메탄가스의 양이 나날이 늘어나고 있다. 특히 중국을 비롯해 소의 천국인 인도의 메탄가스 배출량은 더더욱 무시할 수 없다. 인도와 중국은 세계 인구의 절반 이상을 차지하고 있으니 이들 국가의 국민들이 배출하는 방귀까지 더하면 문제는 한층 심각해진다. 환경 문제, 도대체 어떻게 풀어가야 할까?

배터리의 진화,
과학의 발전을 대변하다

전지는 1차 전지와 2차 전지로 나뉜다. 1차 전지는 한번 사용하면 재사용이 불가능한 전지고, 2차 전지는 충전해서 재사용할 수 있는 전지다. 보통 '건전지'라고 불리는 것은 1차 전지고, 자동차나 휴대전화에 사용하는 배터리는 2차 전지다.

우리가 보통 사용하는 1차 전지는 알카라인 AAA 타입의 1.5볼트 건전지다. 예전에 휴대용 카세트나 시계에 들어간 가장 일반적인 건전지 말이다. 하지만 건전지에는 의외로 종류가 많다. 니켈카드뮴, 니켈수소, 알카라인, 망간, 수은 전지 등이 있다. 전압에 따라서도 다르고, 전류 용량이나 내부 저항, 크기에 따라서도 각각 다르다.

휴대전화 배터리는 거의 대부분이 리튬이온 배터리 또는 리튬폴리머 배터리다. 리튬이온 배터리는 메모리 효과가 없어서 사용한 만큼

충전해서 쓰고, 충전을 자주 해서 사용할수록 수명이 오래 간다. 실제로 배터리 양을 50퍼센트 정도로만 유지해도 수명을 약 세 배 가까이 연장할 수 있다고 한다.

리튬이온 배터리는 유기물 전해액을 사용하는데, 리튬폴리머 배터리는 안정성을 높이고 위험성을 줄이기 위해 이것을 젤 타입으로 된 고분자 물질의 전해질*로 바꾸었다. 이 배터리에는 전극이 네 개 달려 있다.

보통 건전지는 양극(+)과 음극(-)으로 되어 있는데, 이것은 왜 네 개나 있을까? 리튬이온 배터리는 충전과 방전 과정에서 과충전이나 과방전이 될 경우 양극과 음극의 물질에 화학적인 변형이 오기 때문이다. 이러한 변형이 한번 오면 절대 재생할 수 없다. 그래서 기존 배터리에 없는 기능을 하나 추가했다. 배터리 매니지먼트 시스템BMS이다. 과방전을 방지하기 위해 관리 시스템 회로가 포함되어 있다.

그래서 휴대전화 배터리가 과충전될 경우 충전기가 충전을 멈추고, 배터리가 부족할 경우 자동으로 휴대전화를 종료해버리는 것이다. 배터리를 보호하기 위한 장치다. 배터리 자체가 판단할 수 있는 지능을 가진 셈이다. 예전에는 단순히 배터리가 다 닳으면 전기가 나가곤 했는데, 지금은 배터리 잔량을 화면에 표시해준다. 바로 이러한 기능을 하기 위해 단자가 두 개 추가되어 전극이 네 개가 필요한 것이다.

세상의 모든 물건은 진화한다. 필요에 의해 하기도 하고, 다른 기능을 위해 이전 기능이 개선되기도 한다. 물건은 점점 복잡해지고 기능이 복합적으로 진화한다. 그러면서 기능이 뒤처지는 물건은 세상에서 사라지고 만다.

배터리의 경우 앞으로 오래 쓸 수 있고, 가격이 싸고, 재충전이 가능하고, 사용량을 알 수 있고, 환경 친화적이며, 크기가 작고, 무겁지 않고, 어린이에게도 안전하고, 재활용 가능한 기능까지 있는 물건이 등장할 것이다. 반대로 앞에서 말한 기능 중 몇 가지만 가지고 있는 배터리는 세상에서 퇴출될 것이다. 세상은 물건이건 사람이건 멀티플레이를 원하고 있다. 배터리의 진화를 보면 이런 요구를 알 수 있다.

우주 발전소도 꿈이 아니다

실생활에서 전기를 아낌없이 쓸 수 있게 됨으로써, 분명 우리의 삶은 송두리째 바뀌었다. 마치 인터넷이 우리의 삶을 바꿔놓은 것처럼 말이다. 인터넷이 보급된 초창기의 모습을 떠올리면, 우리나라에 처음으로 전기가 들어와 어둠을 밝히기 시작했을 때의 모습과 별반 다른 점이 없을 것이다.

우리나라에 처음 전기가 들어와 밤에 가로등을 밝힌 것은 1887년 3월 6일로 기록되어 있다. 경복궁에서 고종과 그 신하들은 최초로 전등이 켜지는 순간, 마치 우리가 로켓을 성공적으로 발사한 것처럼 박수를 쳤다고 한다. 이때 전기를 만들기 위해서는 발전기를 돌려야 했는데, 발전기 돌아가는 소리가 천둥소리처럼 컸다고 한다. 적막한 궁에서 굉음을 내며 돌아가는 발전기를 보고 당시 사람들이 어떤 생각을 했을지 궁금

하다.

당시에는 석탄을 이용해 발전기를 돌렸다. 필요한 물은 경복궁 내 향원정 연못에서 끌어다가 사용했다고 한다. 발전기를 돌리려면 물을 순환해야 하는데, 고온의 물을 향원정으로 그냥 보내는 바람에 연못의 물고기들이 떼죽음을 당했다는 기록도 있다. 그러고 나서 130년이 지난 오늘날, 이제는 전기를 통해 못 하는 것이 없는 세상이 되었다.

인터넷이 일반화된 지는 15년 정도가 되었다. 짧지만 앞으로 5년 후, 인터넷이 만들 수 있는 세상은 어떤 모습일까? 예측할 수는 없다. 세상은 새로운 기술을 만날 때 '1+1=2'처럼 선형적으로 바뀌는 것이 아니라 열역학적 엔트로피의 세상처럼 불규칙하게 확산되고 폭발할 것이다. 5년도 예측하기 힘든데, 앞으로 100년 후에는 대체 어떤 모습일지 아무도 예측할 수 없다.

길을 걷다가 하늘을 바라보면 온통 선으로 연결되어 있다. 선으로 연결되지 않은 곳은 어둠만이 존재한다. 세상의 끝은 전선이 닿아 있지 않은 곳이다. 요즘은 한 가지 더 늘었다. 바로 인터넷 라인이다.

전봇대를 바라보면 겹겹이 연결되어 선이 어디서 시작되고 어디서 끝나는지 알 수 없을 정도다. 하지만 분명한 사실은 시작과 끝이 어디에선가 연결되어 있다는 것이다. 끊어진 전선은 아무런 의미를 갖지 못한다. 죽은 것이나 마찬가지다.

요즘 무선으로 전기를 전달하는 방법이 활발히 연구되고 있다. 컴퓨터와 모니터에 달린 전선을 없애고 천장에 전력을 전달하는 장치를 놓으면, 방안에서 이동하면서도 컴퓨터와 휴대전화를 사용할 수 있게 된다. 이것이 바로 근거리 무선 전력 전송 장치다.

이때 전력은 무선 형태의 전파*를 사용하게 된다. 현재 휴대전화에서 나오는 전자파가 인체에 유해한지 무해한지 검증이 되지 않은 상태에서, 전력을 수송하는 전파까지 가세한다면 안전성 문제가 거세질 것이다. 실용화되기까지는 시간이 걸릴 것으로 보인다. 하지만 어찌 되었든 만약 근거리 무선 전력 전송 장치가 실용화되면, 우리 삶의 형태는 대폭 바뀔 것이다.

근거리 무선 전력 전송 장치에 대한 연구는 이미 1930년대부터 시작되었고, 우주에서 전력을 만들어 무선 형태로 지구로 수송해 오려는 우주 발전소까지 계획되고 있다. 지상 3만 5,900킬로미터의 정지 위성 궤도에 거대한 인공위성을 건설하고, 거기서 30년에 걸쳐 태양열 발전을 하려는 계획이다. 1,000억 달러 이상이 드는 장대한 프로젝트다.

우주 발전소는 태양열을 직접 전기로 변환하는 태양 전지를 이용해서 전력을 만들고, 이 전력을 대기 속에서 손실이 적은 전파로 변환하여 지름이 1킬로미터나 되는 안테나를 통해 지상으로 보낸다. 지상에서는 이 전파를 사막 지대에 건설한 지름 10킬로미터에 달하는 130억

개의 안테나로 수신해서 다시 직접적으로 이용할 수 있는 전기로 변환하게 된다.

우주 발전소를 건설하기 위해서는 자재를 우주 연락선인 스페이스 셔틀로 운반해서 지상 480킬로미터의 낮은 궤도에서 조립한 다음 정지 궤도로 운반한다. 이런 것을 건설하는 데 막대한 돈이 들 텐데, 과연 장점이 있을까 걱정하는 사람들이 많다. 지상에 건설하는 것이 더 발전 효율이 좋지 않을까 우려한다.

하지만 꼭 그렇지 않을 수 있다. 우주에서는 계절에 따른 일조량의 변화가 없다. 또 하루 중 일조 시간도 훨씬 길다. 더 중요한 사실은 미래지향적 첨단 기술의 확보다. 모든 첨단 기술의 핵심적인 결정체가 모여야 우주 발전소가 성공할 수 있다. 따라서 시간이 좀 걸리더라도 이 프로젝트를 수행하고, 그 과정에서 얻는 핵심 기술을 인간의 생활에 활용하면 그 부가가치는 엄청날 것이다. 기반 기술을 통해 얻는 응용 기술의 발전은 거의 무한대로 열려 있다.

 거짓말 탐지기를 믿을 수 있을까?

범인을 찾을 때 이용하는 거짓말 탐지기(폴리그래프)는 전기의 성질을 이용한 것이다. 피노키오가 거짓말을 하면 코가 길어지는 것처럼, 사람도 거짓말을 하면 신체적 반응이 나타날 것이라는 전제하에 개발된 장치가 바로 거짓말 탐지기다.

거짓말 탐지기는 사람의 호흡이나 피부의 변화, 혈압의 변화를 전기 반응으로 기록한다. 사람이 고의로 거짓말을 하면 본능적으로 신체적 변화가 일어나기 때문이다. 피부의 전기 저항은 여러 조건에 따라 변하는데, 특히 땀이 나는 정도에 따라 크게 변한다. 일반적으로 땀샘의 활동은 정신적인 자극에 따라 변하며 거짓말 탐지기는 이런 변화를 전기적 측정 방법을 통해 검출한다.

거짓말 탐지기를 사용할 때는 사람의 손목과 손바닥에 전극을 부착

해놓고 여러 가지 질문을 한다. 이때 거짓말을 하면 땀이 나서 피부의 전기 저항이 감소하고 전류가 흐르게 된다. 이때 형사가 전기 신호가 증가하는지, 아니면 변화가 없는지에 따라 이 사람이 거짓말을 하고 있는지를 판단하는 것이다.

여기서 문제는 중범죄를 저질렀더라도 자신을 완전히 제어할 수 있는 사람이라면 거짓말 탐지기를 속일 수도 있다는 점이다. 반대로 일반인의 경우, 심장이 약해 긴장된 상태에서 조사를 받게 되면 피부의 전기적 특성만으로 거짓말과 진실을 구분하기가 어려워질 수도 있을 것이다.

그렇다면 인간이 인위적으로 조절할 수 없는 부위에서 일어나는 거짓말 반응을 측정하면 어떨까? 콧구멍 크기의 변화라든지, 괄약근의 떨림 같은 것 말이다. 범인이 기분 나빠할지도 모르겠지만, 물리적으로 생각하면 꽤 좋은 방법이 아닌가 싶다.

박사님, 제가 지금 만성 변비거든요.

흠... 골-약근 거짓말 탐지기 실험을 해보지!

딕-쳬!

4장

나와 물리학

나의
물리학 이야기 1

어린 시절을 생각하면 딱지와 구슬이 가장 먼저 떠오른다. 마치 사업 가치처럼 딱지를 모으고, 구슬치기에서 구슬을 버는 일에 몰입했던 기억이 생생하다. 사실 물리학과 딱지치기는 아무런 상관이 없어 보이지만, 물리학에 대한 나의 열정은 어쩌면 딱지치기에서 시작되었는지도 모른다.

아침도 먹지 않고 동트기 전부터 골목에 서서 동네 아이들이 나타나기를 기다렸다. 딱지를 잃은 날은 너무 분해서 잠을 못 자기도 했다. 많이 딴 날은 또 너무 좋아서 잠을 설쳤다. 당시에는 앉으나 서나 딱지와 구슬에 대한 생각뿐이었다. 어머니가 주시는 용돈은 몽땅 구슬을 사는 데 투자했다.

제일 좋은 박스에 구슬을 넣어놓고, 매일 밤 잠들기 전에 구슬을 세는 것으로 하루를 마무리했다. 부모님이 딱지에 너무 열중한 나를 혼내시기도 했는데, 그 순간에도 '어떻게 하면 딱지치기를 잘할 수 있을까', '어떻게 하면 구슬을 삼각형 안에 잘 집어넣고 잘 맞출까' 생각했다.

만약 당시 수업 시간에 그런 것을 가르쳤다면 어땠을까? 과학적으로 각도를 어떻게 해야 딱지를 잘 넘길 수 있는지, 딱지와 딱지가 어떻게 충돌해야 많은 힘을 받는지를 귀띔해주었다면 얼마나 행복하게 과학을 접할 수 있었을까? 어쨌든 내 생애 최초의 열정은 네모난 딱지와 둥근 유리구슬 안에서 싹을 틔웠다.

내가 초등학교 2학년 때, 그러니까 1969년 7월 20일에 아폴로 우주선이 달에 도착했다. 아홉 살에 불과했던 나는 그 사실도 모르고 김일의 프로레슬링 시합을 보러 만홧가게에 들렀다. 당시 김일의 시합은 절대 놓칠 수 없는 행사였다. 지금도 나는 레슬링을 배워 프로레슬링 선수가 되고 싶다.

프로레슬링 선수가 되면 마스크를 쓰고 시합에 나가고 싶다. 낮에는 학교에서 물리학을 공부하고, 밤에는 레슬링을 하는 것이다. 과연 내 꿈을 이룰 수 있을까? 남들은 영화 같은 이야기라고 생각할지 모르지만, 난 매우 진지하다. 레슬링 선수가 되는 꿈은 절대 버리지 않을 것이다.

어쨌든, 그날 나는 김일의 레슬링 시합 대신에 닐 암스트롱Neil Armstrong이 달에 발을 딛는 것을 봤다. 정규방송이 중단되는 바람에 레슬링 경기 중계방송을 하지 않았으니 아마 무척 삐딱한 자세로 봤을 것이다. 하지만 흑백의 달 착륙 장면이 아직까지 나의 뇌리에 남아 있는 것을 보면, 어린 나이에도 상당한 충격을 받은 듯하다.

나도 달에 가고 싶다는 생각을 했지만, 그 당시에는 달나라에 간다는 건 꿈을 꿀 수조차 없는 영역이었다. 해외여행 자체가 없던 시절이었다. 여행이라고는 여름방학 때 외가에 가기 위해 기차를 타본 것이 전부였으니 말이다. 나는 다시 달나라 같은 건 잊은 채, 꾸준히 김일의 박치기와 야구에 열광하며 초등학교 시절을 보냈다.

그때 나에게 우주는 별나라 이야기에 불과했고 결코 닿을 수 없는 세계였지만, 아홉 살 때 만났던 흑백의 달 착륙 장면이 결국 나를 물리학의 세계로 인도해준 건 아닐까?

학교에 다녀오면 딱지치기와 구슬놀이, 어두워지면 텔레비전을 보는 것이 전부이던 어린 시절, 동네 친구들이 흰 공을 던지고 받는 모습을 처음 보았다. 야구를 하고 있었다. 슬며시 다가가 떨어진 공을 한번 만져보려고 아이들 주변을 맴돌았다. 어느새 딱지 같은 건 잊어버리고 '야구 글러브 하나만 있었으면…' 하는 생각에 잠을 설쳤다.

그러다가 부모님을 조르고 졸라 야구 글러브를 하나 갖게 되었다. 어머니께서는 오래 쓰라며 제일 크고 튼튼하게 생긴 캐처 글러브를 사주셨고, 그 후 나는 누구도 이의를 제기할 수 없이 포수가 되었다.

글러브가 생기자 야구 팀을 만들었다. 동네 아이들을 모두 모아보니 딱 아홉 명이었다. 시합에 나가려고 하면 단 한 명만 빠져도 팀이 완성되지 않았다. 하지만 야구만큼 재미있는 일도 없었고, 야구만큼 내 적성에 맞는 일도 없었다. 그리고 야구만큼 내가 잘하고 싶은 일도 없었다.

'어떻게 하면 공을 더 멀리 던지고, 더 잘 치고, 더 잘 받을 수 있을까?' 나는 온통 야구 생각뿐이었다. 학교 운동장에서 야구 팀이 시합을 할 때면 아이들이 몰려들었다. 처음에 반대를 하던 선생님들도 응원을 해주셨다. 내가 잘할 수 있다는 일이 하나라도 있다는 사실에 세상을 다 얻은 듯 행복했다. 나는 야구 하나로 세상의 전부를 얻었다.

나의
물리학 이야기 2

중학생이 되고, 사춘기로 접어들면서 나는 문학의 세계와 공상에 빠졌다. 늘 멍하니 하늘을 바라보고 있기 일쑤였다. 하늘 끝 우주가 어떻게 생겼는지, 우주의 근원이 무엇인지 궁금했다. 우리는 도대체 어디서 왔을까? 그리고 어디로 가게 될까? 나는 왜 하필 이 지구에 살게 되었을까?

답을 찾고 싶은 생각에 수많은 문학 작품을 탐독했다. 왠지 문학 속에 답이 있을 것 같았다. 그러다가 천체물리학과 우주에 관한 책을 닥치는 대로 찾아 읽었다. 우주의 세계에 대한 궁금증을 해소하고 싶었다. 물리학자가 되고 싶었던 것은 아니다. 결국 문학에서 답을 얻지는 못했지만, 당시 읽었던 문학 작품들은 지금 내가 물리학을 연구하는 정서에 많은 도움을 주고 있다.

물리학을 공부한다고 해서 물리적 지식만 필요한 것은 아니다. 물리 말고 다른 분야의 공부가 더 절실한지도 모른다. 남들도 다 공부하는 평범한 물리를 한다면, 어떻게 새로운 논문을 쓰고 창의적인 연구를 할 수 있겠는가? 그래서 나는 오늘도 책을 읽고, 글을 쓰고, 그림을 그린다.

중학교 때는 한강 근처의 동네에 살았다. 하루는 어떤 아저씨가 한강으로 낚시를 하러 가는 모습을 보고 무작정 따라갔다. 온종일 부러운 눈초리로 아저씨와 낚싯대를 바라보며 아저씨 근처를 맴돌았다. 나중에는 쭈뼛거리며 아저씨가 낚시하는 걸 도와드렸더니, 뜻밖에도 낚싯대 한 벌과 기본 도구를 선물로 주셨다.

그다음 날부터 학교가 끝나면 한강으로 달려갔다. 어깨 너머로 배운 낚시 지식을 이용해 낑낑거리다 혼자 힘으로 겨우 한 마리를 잡았다. 그리고 나자 모든 것들이 쉽게 풀렸다. 고기 잡는 일은 진지하게 배워서 하는 일이 아니라 '직접 해보면서 터득해야 하는 일'이었던 것이다.

이후에는 나만의 낚시 방법을 여러 가지로 시도해봤다. 연습과 노력의 결과로 나중에는 거의 강태공 수준이 되었다. 낚시를 시작한 지 얼마 지나지 않았는데도 사람들이 내 주위에 모여 낚시하는 것을 지켜보았고, 부러운 눈초리로 어망을 들춰보기도 했다.

한번은 아버지께서 일요일마다 낚싯대를 들고 사라지는 아들을 따라 강가로 오셔서 내가 낚시하는 모습을 보시고는 대견해하시기도 했다. 강바람을 맞으며 붕어를 잡던 생각을 하면 지금도 가슴이 시원해진다.

생각해보면, 해보고 싶은 일을 하고 그 속에서 가능성과 재미를 찾았던 것이 물리학자로서 내 삶의 시작이 아니었나 싶다. 나는 지금도 즐거움을 찾으며 산다. 비록 취미가 낚시는 아니고 다른 것으로 바뀌었지만 말이다. 만약 당시 아버지께서 공부해야 할 놈이 낚시나 다닌다고 뭐라고 하셨다면 어떻게 되었을까? 나는 이 사실만으로도 아버지께 감사해야 한다.

하루는 동네에 살던 친구 집에 놀러 갔는데, 그 집에 LP 전축이 있었다. 비틀스를 처음 들은 것이 그때였다. 친구는 평소 즐겨 듣는 비틀스 음악에 대해 설명을 해줬고, 나는 듣기만 했다.

그날로 비틀스의 음악에 빠져들어, 그 친구 집에 자주 놀러 갔다. 비틀스의 음악을 들으면 행복했고 마치 손에 가치 있는 뭔가를 쥔 것 같은 착각에 빠질 수 있었다. 점점 애니멀스The Animals나 에릭 버든Eric Burdon 등 다른 팝 가수들의 음악도 듣게 되었다. 당시 내게 팝 음악은 탈출구이자, 꿈이자, 우상이자, 나침반 같았다. 지금도 비틀스의 음악을 듣던 그 시절이 있어 참 다행이라는 생각을 한다.

LP로 듣던 비틀스의 음악을 지금은 MP3로 듣고 있지만, 그 전에는 카세트테이프로, 다음에는 CD로 들었다. 몇 번의 기술적인 변화를 거쳤지만 지금도 나는 변함없이 비틀스의 음악을 듣고 있다. CD의 디지털 음색이 LP의 아날로그 음색보다 차갑고 기계적이라고 하지만, 나는 그런 기술적인 면은 잘 모른다. 그저 비틀스의 음악 자체가 좋을 뿐이다.

음악은 우리에게 뭔가를 직접적으로 주지는 않는다. 다만 이 시대를 사는 우리가 서로 소통하게 하고, 추억을 만들어가게 한다. 마치 시간이 만들어내는 공기처럼 말이다. 어떤 노래가 더 좋은지, 어떤 곡이 더 음악적으로 훌륭한지는 중요하지 않다. 음악은 음악일 뿐이다.

하루가 다르게 새로운 음악이 나오고, 오래된 음악은 고전이 되어 잊힌다. 옛날에 듣던 음악을 지금 다시 들어보면 여러 가지 생각이 든다. 어떨 때는 촌스럽다는 생각이 들기도 하고, '당시 대단했는데…' 하는 생각도 든다.

가끔 내가 좋아했던 노래를 아이들에게 들려주는데, 그다지 공감은 받지 못한다. 세상은 시간의 축을 따라 어김없이 흘러가고, 음악도 그에 따라 흘러간다. 사실 나는 우리 아이들이 좋아하는 랩도 좋다. 내가 예전에 듣던 펑크, 리듬앤블루스, 롤링스톤스처럼 예술적이라고 생각한다. 생각해보면 음악은 우리에게 세상을 사는 존재감을 일깨워주는 것이 아닐까 싶다.

중학교가 끝나갈 무렵, 학교 근처에 헌책방이 있다는 사실을 알게 되었다. 자주 헌책방을 들르면서 읽고 싶은 책이 있으면 꼭 사서 읽었다. 대학에 다니던 큰형 서가에 꽂힌 책도 빠짐없이 읽었다.

가장 기억나는 책은 고흐의 전기다. 고흐와 그의 동생 테오가 주고받은 편지를 모아놓은 작은 문고판이었는데, 한번 읽기 시작하자 손에서 놓을 수가 없었다. 밤을 새워 책을 읽었다. 한 줄, 한 장을 읽어가는 것이 아까울 정도였다.

이튿날 학교에 가서도 책상 밑에 책을 숨겨놓고 몰래 읽었다. 수학 시간에 선생님이 숙제 검사를 하러 교실을 돌고 있었는데도 책에 열중한 나머지 알아차리지 못했다. 선생님은 책을 읽고 있는 나를 보자 화가 나셨는지, 책을 집어던지고는 나를 때리시기 시작했다. 한참 얻어터지는 와중에 수업을 마치는 종이 울렸고, 나는 선생님이 떠나고 난 자리에서 주섬주섬 책을 주워 다시 읽었다.

고흐의 전기는 나에게 책 읽는 즐거움과 미술을 향한 열정을 가르친 최초의 책이었다. 아름다운 추억에 이런 상처를 남겨주신 선생님이 조금 야속하기도 하지만, 오히려 상처가 있어 추억이 가슴에 더 깊이 남아 있는 것이 아닌가 한다.

고등학교에 가기 전, 내가 한 일은 딱 두 가지였다. 닥치는 대로 책을 많이 읽는 것, 그리고 닥치는 대로 음악을 많이 듣는 것이었다. 당시에는 라디오 심야방송을 통해 음악을 많이 들었다. 전축이 없던 시절, 라디오는 음악을 듣는 유일한 창구였다.

자정이 되면 가수 이장희가 진행하던 〈별이 빛나는 밤에〉를 들었다. 지금도 이 프로그램이 살아 있는 것을 보면, 시대를 막론하고 청소년기에는 이런 공통의 '소통의 창'이 꼭 필요한 것 같다. 나에게는 그것이 전파의 형태였지만, 지금은 영화, 음악, 책, 패션 등 다양한 형태로 동시대의 문화가 공유되고 있을 것이다.

당시 머리맡에 켜둔 라디오를 통해 듣던 그 프로그램 덕분에 나도 사춘기를 안전하게 넘기지 않았나 싶다. 진행자들이 사연을 읽어주면, 같은 시대와 상황 속에서 함께 살아가는 친구들의 이야기를 간접적으로 들을 수 있었으니 그 자체로도 많은 위안이 되었다. 어디까지나 소통하는 방법이 다양해졌을 뿐, 우리가 그 시대에만 해당되는 문화와 정서를 서로 공유한다는 원칙이 변할 수는 없다.

나의
물리학 이야기 3

내가 물리학을 전공으로 선택하게 된 동기는 앞서 말했듯이 고등학교 1학년 때 물리 선생님이 내게 던지신 칭찬 한마디였다. 물리학 첫 수업에서 "앗! 이놈 잘하는데!"라고 해주신 것이다. 나는 그때부터 물리에 푹 빠져버렸고, 물리는 당연히 잘해야 하는 것이라고 생각했다.

친구들이 물리가 어렵다고 말하는 것이 영 이상했다. 나에겐 너무 쉬웠으므로, 내가 물리를 잘한다는 사실을 은근히 감추고 다녔던 적도 있다. 지금 생각하면 지나가는 말로 칭찬을 해주신 그 선생님께서 내 인생에 전환점을 마련해주신 것 같다. 물론 이런 사실을 그 선생님께서는 전혀 모르고 계시겠지만 말이다.

나는 선생님께 '칭찬'이라는 아주 중요한 덕목을 배웠다. 나도 이제 교육자로서, 학생들을 가르칠 때마다 그 덕목을 잊지 않으려 노력하고 있다. 누군가는 나의 칭찬을 받고 용기를 얻지 않았을까?

고등학교 시절, 친구들은 끼리끼리 무리를 지어 우정을 나눈다. 나에게도 고등학교 3년 동안 줄기차게 만난 친구들이 있다. 학년이 바뀌면 헤어졌다가 다시 만나기도 했지만 말이다. 바로 동아리 친구들이다.

어떤 부모들은 동아리 활동이 좋은 대학을 가는 데 지장을 준다고 생각할지도 모르겠다. 당연히 동아리도 시간을 투자해야 하는 활동이므로 공부하는 시간이 절대적으로 줄어들 수밖에 없다. 하지만 다르게 생각하면 학원 책상에서 졸거나 딴생각하는 것보다는 더 시간을 잘 보내는 것일지 모른다.

정서적 활동은 아주 중요하다. 공부를 잘한다고, 성적이 좋다고 세상을 현명하게 살아가는 것은 아니다. 동아리 활동을 '딴짓'으로 생각한다는 건 마치 소를 키우며 어떻게 하면 효율적으로 우유를 많이 얻을지 고민하는 축산업자 같은 생각이다. 학생들도 언젠가는 세상으로 나가야 하고, 평생 학교에만 있지 않을 것이니 말이다.

나는 당시 미술반에 들었다. 동아리에서 만났던 친구들은 참 다양했다. 집안이 어렵지만 활발한 친구도 있었고, 부유한 가정에서 태어났지만 너무나도 외로운 친구도 있었다. 양아치 같은 친구도 있었고 까불거리는 친구도, 공부를 아주 잘하는 친구도 있었다. 반에서 만날 수 없는 친구들이었다. 그런 다양한 친구들을 만나며 세상을 살아가는 눈을 키우는 것, 그것이 고등학교의 본질이 아닐까?

고등학교 시절, 선생님의 존재는 크다. 가뜩이나 감수성이 예민한 시기에, 많은 시간을 함께 보내야 하는 어른의 존재가 어떻게 다가왔겠는가? 특히 담임 선생님의 존재는 절대적이었다. 방황을 하든, 공부를 하든, 사고를 치든, 모두 담임 선생님의 손바닥 안에 있었다. 요즘은 어떤지 모르겠지만, 내가 고등학교를 다닐 시절에는 그랬다.

고등학교 3학년 때, 담임 선생님께서 해주셨던 말 중 지금도 기억에 강렬하게 남아 있는 한마디가 있다. 아마 3학년에 올라간 첫 시간이었을 것이다. "너희들, 다른 건 몰라도 나와 약속 하나 하자. 하루에 무조건 한 번씩은 발을 꼭 씻어라!" 저녁에 자기 전에 꼭 발을 씻고 자라는 소리였다.

참 별것 아닌 말이지만 이상하게 그 말이 뇌리에 박혀, 나는 공부에 지쳐 녹초가 된 몸으로 집에 들어오더라도 쓰러지기 전에 꼭 무거운 몸을 이끌고 발을 씻은 뒤에야 잠들었다. 아무리 사소한 것이라고 해도 그 하나를 반드시 지킨다는 건 매우 어려운 일이다. 아마도 선생님께서는 그 점을 염두에 두고 그런 말씀을 하셨을 것이다. 나는 졸업을 하고 나서도, 심지어 지금도 이 원칙을 지키고 있다.

고등학교 시절의 선생님 한 분이 더 기억난다. 내가 동아리 활동을 할 때 미술반을 지도하셨던 선생님이다. 나는 정서적으로 그 선생님께 참 많이 의존했고, 그만큼 존경했다. 선생님께서는 한때 붓을 놓으셨다가, 내가 미술반 회장을 맡자 붓을 다시 잡으실 정도로 나를 아껴주셨다.

고등학교 2학년 때, 미술반 친구들과 지리산 등반을 계획하고 말씀을 드렸더니, "왜 나는 빼놓고 가냐!"라며 같이 가겠다고 하셔서 무척

당황했던 기억이 난다. 잔디밭에서는 으레 양말을 벗고 누워 하늘을 바라보던 분이다. 그런 자유분방하고 편안한 선생님을 사랑하지 않을 학생은 아무도 없을 것이다.

  또 하나의 기억은 3학년이 되던 겨울방학 때 선생님 댁에 놀러 갔던 일이다. 그때 클래식 LP 한 장을 사들고 갔는데, 선생님께서는 레코드판을 턴테이블에 올려놓으시더니 아무 말 없이 그대로 방에 드러누워 천장을 바라보며 음악을 들으셨다. 당시 가져갔던 음악은 비발디의 〈사계〉다. 내가 지금도 그 음악을 생생히 떠올릴 수 있는 것은 모두 선생님 덕분이다. 선생님, 오래도록 건강하세요!

나의
물리학 이야기 4

대학은 자연과학부에 입학했다. 2학년이 되어서 전공을 선택하게 되었을 때, 나는 고민 없이 물리학과를 선택했다. 다른 친구들은 전공을 무엇으로 할지 고민했지만, 나는 그럴 필요가 없어서 좋았다.

당시만 해도 내가 제일 잘할 수 있는 과목은 물리학이라고 생각했다. 하지만 전공 공부를 시작하자 물리가 너무나도 어려워지기 시작했다. 자유로운 대학 생활에 빠져, 전공 공부를 소홀히 하기도 했다.

대신 그 당시에는 그림을 열심히 그렸다. 청소년기에 접했던 빈센트 반 고흐의 삶에 깊은 영감을 받아, 정말 열정적으로 그림에 빠져들었다. 하지만 그림에서 성취를 이룰수록 성적은 점점 떨어졌다. 주변에서 다들 걱정했지만 정작 나는 태연했다. 나는 여전히 물리학을 잘할 수 있다고 믿었기 때문이다. 살다 보니, 가끔은 이런 흔들림 없는 자만

심도 필요하다고 생각한다.

그러나 그림에 계속 빠지다 보니, 학업을 지속할 수가 없었다. 나의 상태는 좀 더 심각해져, 그림을 전공하고 싶다는 생각까지 했다. 그러다가 군대에 가게 되었다. 3년을 먼 곳에서 지내고 돌아와, 차분히 물리학을 다시 공부했다. 그림에 대한 열정이 천천히 물리학으로 이동했던 것 같다.

대학원에 들어가고 나서는 매일 학교에서 밤을 지새웠다. 집에는 잠시 들어가 옷을 갈아입는 정도였다. 거의 매일 나는 실험실에 처박혀 실험과 연구에만 몰두했다.

대학원 1학년 때 용기를 내서 싱가포르에서 하는 국제 학회에 다녀왔다. 지금은 배낭여행이나 해외 연수를 다녀오는 일이 자연스럽지만, 그 당시에 대학원생이 국제 학회에 가는 일은 엄청나게 드물었다.

당연히 수중에 그만한 돈은 없었으므로 부모님께 나중에 돈을 벌면 갚기로 하고 일단 빌렸다. 학회에 참석해서 보니 한국이 너무나 폐쇄되고 낙후되었다는 생각이 들었다. 열심히 해야겠다는 생각과, 나도 할 수 있겠다는 생각을 하며 한국으로 돌아왔다.

그 이후로는 더 열심히 실험에 매달리고 논문을 썼다. 국제 학회에서 과학자들은 논문을 통해 서로 교류한다는 사실을 알게 되었기 때문이다. 내가 직접 쓴 논문을 갖고 당당히 경쟁하고 싶었다. 목표가 생기고 나니 하루하루 물리학에 열중하는 삶이 즐겁기만 했다.

하지만 학회에 계속 참석하기 위해서는 돈이 필요했다. 학생의 신분으로 그렇게 큰돈을 마련할 수는 없었다. 후배들 술값 대기도 바빴으니 용돈을 모을 겨를이 없었다. 결국 학회에 갈 때마다 어머니께 "학회에 가려고 하니 돈을 빌려주십시오. 나중에 갚겠습니다."라고 말씀드리곤 했는데, 그러면 어머니께서는 망설임 없이 모아두신 돈을 선뜻 내주셨다.

아들이 나중에 갚을 테니 빌려달라고 하는 말을 믿는 부모가 어디 있을까? 하지만 나는 절실했다. 세상을 보고 싶었다. 지금도 아무 조건 없이 돈을 내주신 어머니께 무한한 감사를 드린다. 나는 학회를 통해 세상을 보며 자극을 받았고, 더 열심히 공부에 매진할 수 있었다.

가끔 학생들이 "돈이 없어 해외로는 못 가요."라고 하면, 나는 일단 빌릴 수 있는 곳이 있으면 빌려서 가고 나중에 갚으라고 말한다. 돈보다 지금 학생들이 보내는 시간이 더 중요하다. 젊은 나이에 세상을 보고 느끼고 여행하는 것은 즐거움을 위해서뿐만 아니라 최고의 공부라고 생각하기 때문이다.

한 학회에서 아르메니아공화국의 과학자를 만나게 되었다. 이야기를 하다 보니 둘이서 의기투합해 공동 연구를 하기로 했다. 나는 박사과정 학생이었는데, 그 시절에는 지금처럼 이메일이 없었다. 편지를 보내면 답장이 오는 데 석 달이 걸렸다.

게다가 아르메니아공화국은 아직 사회주의 체제하의 소비에트 연방에서 독립을 하지 않은 상태였다. 설상가상으로 이웃 나라인 아제르바이잔과 전쟁 중이었다. 그렇지만 나는 그 과학자와의 약속을 지키기 위해 아르메니아공화국으로 떠났다.

모든 사람이 말렸지만 나는 결국 모든 위험을 무릅쓰고 짐을 싸서 출발했다. 가야 할 이유는 하나였다. 그냥 가보고 싶었다. 아르메니아 아카데미에서 특별히 보내준 초청장을 한 손에 꼭 쥐고 길을 떠났다.

전쟁 중이라 비행기 편이 불규칙해서, 모스크바에서 아르메니아까지 기차를 타야 했다. 일주일이 꼬박 걸렸지만 그동안의 기차 여행도 너무나 즐거웠다. 새로운 삶에 대한 자신감과 여유가 생겼다.

이후 석 달 동안 아르메니아에서 마이크로파에 대한 실험을 했다. 눈 덮인 산자락에 있는 연구실에서 하루하루 실험에 매진하는 일이 너무나 행복했다. 귀중한 경험과 추억이었다. 새롭게 아르메니아 과학자들과 친분을 쌓는 일 또한 즐겁기만 했다. 무엇보다도 마이크로파에 대한 기초를 착실히 배웠다는 사실에 마음이 뿌듯했다.

이미 많은 논문을 국제적인 저널에 발표했기 때문에, 박사학위 논문을 쓰는 데는 그다지 힘이 들지 않았다. 나는 빨리 외국으로 가서 연구를 더 하고 싶었다. 가고 싶은 연구소와 대학 몇 군데에 편지를 보냈는데, 감사하게도 미국, 영국, 일본, 프랑스의 연구소와 대학에서 동시에 초청을 해왔다.

먼저 아르메니아를 거쳐 프랑스로 갔다. 프랑스에서도 정말 많은 것을 배웠다. 왜 내가 물리학을 해야 하는지, 나의 물리는 무엇인지를 철학적인 면에서 깊이 생각해볼 수 있었다. 오직 나만이 할 수 있는 물리를 해야 한다는 결심을 했다.

이어서 일본으로 갔다. 일본은 프랑스에 오기 전에 이미 가기로 약속을 해둔 상태였다. 내가 간 곳은 일본 이바라키 현의 쓰쿠바 시에 있는 쓰쿠바대학교였다. 당시 처음으로 외국인이 공무원이 될 수 있는 법이 통과가 된 덕분에, 쓰쿠바대학교에서 정식으로 문부성 교원으로 취직해서 일하기 시작했다.

나의 두 딸 채린이와 하린이는 일본에서 어린 시절을 보냈다. 하린이는 내가 일본에 있을 때 태어났고, 채린이는 일본에 도착하자마자 유치원에 보냈다. 낯선 환경이라 잘 적응할지 걱정도 했지만, 채린이는 금세 일본어도 문제없이 할 수 있을 정도로 일본에 익숙해졌다.

하지만 채린이를 일본 초등학교에 보내고 싶지는 않았다. 일본 학교 특유의 획일적인 교육 시스템이 채린이의 앞날에 도움이 되지 않을 것 같았기 때문이다. 일본어는 앞으로 자연스럽게 할 수 있을 테니 영어를 배워야 한다고 생각했다. 무엇보다도 미래를 생각한다면 국제적인 감각을 키워주는 것이 중요했다.

마침 쓰쿠바대학교 내에 외국인 학교가 있었다. 대학에 있는 외국인 연구원 자녀들을 교육하는 작은 학교로, 전교생이 겨우 5명이었다. 쓰쿠바 시내의 중학교 교실 하나를 빌려 썼고, 호주에서 온 선생님 한 명이 모든 학생을 가르쳤다. 체육 시간에는 논두렁을 달리고 공원에서 럭비를 했다.

그 학교에서 채린이와 같이 공부하던 동갑내기 친구가 있었는데, 자연스럽게 그 아이의 부모를 만나게 되었다. 미국 텍사스 샘휴스턴대학의 이론물리학과 교수였던 배리 프리드먼Barry Friedman이다. 우리 가족과도 친해져서, 서로 집에 초대하는 것은 물론 주말이면 함께 근교로 놀러 가곤 했다.

나는 주말이면 프리드먼 교수와 함께 연구 결과를 토의하는 사이가 되었다. 심지어 함께 논문도 썼다. 이렇게 시작된 인연으로 지금까지 연구를 함께 하고 있다. 그는 이론물리학자로서, 나는 실험물리학자로서 힘을 합해 연구를 한다. 이런 인연이 내게는 너무 소중하다. 25년이라는 세월이 만들어준 두 과학자 사이의 우정은 여전히 견고하다.

일본은 일본 나름의 치밀하고 끈질긴 학문적 방법이 있다. 처음에는

이런 학풍에 적응하기 어려웠지만, 이것 또한 시간이 지나자 해결되었다. 나는 밤낮을 가리지 않고 실험에 몰두했다. 밤새 실험실에서 연구를 하고, 다음 날 아침이 되어서야 실험실에서 나와 잠깐 눈을 붙인 후 점심 때 다시 실험실로 달려가는 생활이 반복되었다.

당시 나의 지도교수였던 이구치 선생님은 굉장히 열정적으로 연구하는 사람이었다. 우리 둘은 뜻이 잘 맞았고, 정말 열심히 연구를 했다. 일본에 온 지 2년이 지났을 때, 이구치 선생님께서 함께 동경공업대학으로 가자는 제안을 해주셨다. 당시로서는 동경공업대학에 한국인을 교원으로 쓴다는 것이 처음 있는 일이었다. 몇 번의 면접을 거쳐 동경공업대학으로 옮겨 갔고, 이구치 선생님과 함께 마이크로파에 대한 연구를 했다.

그러다 1999년 여름, 드디어 한국에 귀국했다. 이제 한국에 가서 제자들을 가르치고 싶다는 이야기를 하자, 만감이 교차하는지 무척 서운해하시던 이구치 선생님의 얼굴이 아직도 생각난다. 7년 동안 부모와 자식처럼 함께 고생했는데 헤어져야 한다고 생각하니 무척 아쉬우셨던 것 같다.

나의 물리학 이야기 5

한국으로 오는 비행기 안에서, 지금까지와는 전혀 다른 연구를 해보기로 마음먹었다. 지금까지 한 일을 계속한다면 몸도 마음도 편했겠지만, 나는 새로운 다른 분야에 도전해보고 싶었다.

한국 땅을 밟고 나서, 연구 주제를 다음과 같이 정했다. "보이지 않는 마이크로파를 어떻게 하면 볼 수 있을까? 어떻게 하면 마이크로파를 만질 수 있을까?" 이 주제로 학생들과 새롭게 연구를 시작했다.

처음 하는 일이라 힘들었지만, 아무도 하지 않은 일을 한다는 것이 나에겐 너무나도 큰 보람이었다. 마이크로파를 이용한 기술을 응용해 새로운 기술을 만들어내면, 원천 기술에 해당되므로 많은 특허권을 획득할 수 있었다. 마이크로파를 이용한 의료 기기를 비롯해 이 기술의 응용은 무궁무진하다.

　대학원 시절을 보냈던 서강대학교에 도착해서, 연구실을 배정받았다. 해가 들지 않는 서향이었다. 실험실도 배정을 받았다. 대학원에 다닐 때 실험하던 곳이었다. 처음 내 연구실에는 책상밖에 없었다. 아직 짐이 일본에서 도착하지 않아, 텅 빈 책상 위에 교과서와 논문 몇 편이 덩그러니 놓인 것이 전부였다.

　첫 수업은 1학년을 위한 일반물리학, 그리고 4학년을 위한 열역학이었다. 열역학 수업을 들은 학생들 중 몇 명이 내 연구실에서 연구를 하고 싶다며 나를 찾아왔을 때의 감격은 평생 잊을 수 없을 것이다. 그때, 나는 그 친구들의 열렬한 눈빛을 보면서 속으로 생각했다. '아, 이제 시작이구나.'

　그 학생들과 정말 열심히 연구를 했다. 주말도 없이 연구실에만 있었다. 밤새 연구를 하고 아침에 집에 가서 옷을 갈아입은 뒤 다시 학교에 와서 일을 했다. 학생들도 마찬가지였다. 하루 세 끼를 모두 학생들과 같이 해결했다. 중국집에서 음식을 배달시켜 함께 연구실에서 둘러앉아 먹곤 했다. 나는 주로 매운 짬뽕을 먹었던 기억이 난다.

　이때 학생들과 정신없이 실험을 하고, 논문을 썼던 것이 지금 내가 하는 연구의 뿌리가 되었다. 일본에서 했던 연구는 이구치 선생님의 연구를 도와드렸던 것이라고 생각하고, 새롭게 나의 연구, 나의 물리학에 대한 자부심을 만들어나갔다. 당시 나와 함께 밤낮없이 연구했던 학생들은 이미 졸업을 하고 멋진 사회인으로 살아가고 있다. 그들을 볼 때마다, 나와 함께 해줘서 고맙고 자랑스럽다는 마음이 피어오른다.

하지만 때로는 학생들에게 화가 날 때가 있다. 대표적으로 학생들이 전공을 정하면서 내게 조심스럽게 이런 질문을 해올 때다. "교수님, 물리는 전망이 밝은가요? 물리학을 전공하면 어떤 점이 좋은가요?" 이런 질문을 받으면 솔직히 짜증이 난다.

물리학을 전공한다고 해서 어떤 정해진 길을 걷게 되는 것도 아니고, 물리를 하는 데 정해진 올바른 방법이 있는 것도 아니다. 그저 물리학이 좋아서, 열심히 하면 그걸 통해서 뭔가를 이루게 되는 것이다. 나는 앞의 질문을 받을 때마다 "하기 나름"이라고 대답한다. 성의 없게 보일지도 모르겠지만 그것이 사실이다. 나도 하루하루 정해지지 않은 물리학의 길을 가고 있으니 말이다.

물리학을 전공하고 있다는 사실 하나만 보고, 사람들은 내가 철저한 과학적 사고를 바탕으로 살아가는 사람이라고 자주 오해하곤 한다. 하지만 나의 진짜 모습은 전혀 그렇지 않다. 나는 지극히 게으르고 비과학적인 생활을 하고 있다. 실험실 문을 닫고 나오는 순간, 나는 무엇이든 대충대충 하기를 좋아하고 공상에 자주 빠진다. 가끔 술 한 잔을 할 때면 형편없이 망가지기도 한다.

내가 자주 하는 비과학적인 공상 중 하나가 '도깨비 감투'다. 옛날 이야기에 나오는 도깨비 감투를 쓰면 다른 사람들 눈에 보이지 않는 투명 인간이 된다. 도깨비 감투를 쓴 채 발가벗고 돌아다니고 싶기도 하고, 싫어하는 사람의 뒤통수를 한 대 치고 싶기도 하고, 나무 그늘에 누워 오후의 낮잠을 즐기고 싶고, 길거리 떡볶이 가게에서 떡볶이를 훔쳐 먹고, 극장에 들어가 영화도 마음대로 보고, 우리 학생들이 공부를 열심히 하고 있는지 몰래 훔쳐보고 싶기도 하다.

하지만 현실에 이런 도깨비 감투가 있을 수 있을까? 과학적으로 가능할까? 아직은 불가능하다. 하지만 언젠가는 가능한 일이 될지도 모른다. 가능성은 늘 열려 있다. 과학은 언제나 그런 가능성에 기대서 발전해왔다.

아인슈타인은 '물체가 빛과 같은 속도로 날면 어떤 현상이 일어날까?' 하는 과학적 상상력에서 상대성 이론을 연구하기 시작했다. 하지만 수학적으로 엄청나게 복잡한 상대성 이론을 현실에 적용하기엔 과학적인 규모가 너무 크다. 우리가 그 이론을 알고 이해한다 해도 현실에 아무런 도움이 안 될지도 모른다. 그리고 안다고 해도 어디에 써먹겠는가?

다행스러운 일 하나는, 사람들이 상대성 이론보다 아인슈타인이라는 한 천재의 인간적 삶에 매력을 느끼고 가까이 다가간다는 것이다. 어쩌면 사람들을 과학으로 끌어당겨 과학과 친해지게 만드는 것은, 골치 아픈 과학 이론이 아니라 과학자의 인간적 풍모일지도 모른다.

2015년, 아르메니아 과학 아카데미Armenian Academy of Sciences에서 나를 회원으로 추대했다. 아르메니아 과학 아카데미는 120명의 회원으로만 유지되는 학술 집단이다. 물리뿐만 아니라 모든 과학 분야를 통틀어 아르메니아 과학자들을 대표하는 집단으로 알려져 있다. 내가 이런 아카데미의 멤버가 되었다니!

이것은 내가 가질 수 있는 어떤 명예보다도 값지게 느껴진다. 감사하는 마음을 이루 말로 다할 수 없다. 전쟁 중이던 공산주의 시절부터 맺은 아르메니아공화국과의 인연을 꾸준히 유지해온 결과이기도 하고, 내가 올바른 정의감을 가지고 살았다는 증표이기도 하다.

정식으로 아카데미 회원이 되는 식장에서 회장이 나를 소개하면서, 내가 아르메니아를 위해 헌신한 일들에 대해 설명을 했다. 그 순간 아르메니아와 함께해온 모든 시간들이 주마등처럼 지나갔다. 내가 키워낸 아르메니아의 제자들이 축하의 박수를 보냈다. 25년 전 아르메니아의 연구소에서 함께 연구했던 친구들이 이제는 모두 은퇴를 해, 초로의 나이가 되어 축하의 인사를 건넸다. 이런 소중한 추억을 만들어준 아르메니아공화국에 무한히 감사한다.

나는 지금도 아르메니아공화국에서 온 유학생 네 명과 함께 연구를 하고 있다. 예전에 아르메니아공화국을 방문했을 때 함께 연구하던 친구 과학자의 제자들이다. 세월이 흘러도 변함없는 우정과 신뢰가 제자들을 통해 이어지고 있는 것이다. 이들이 공부를 마치면 아르메니아의 대학으로 돌아가, 그곳에서 마이크로파를 계속 연구할 것이다.

학문의 세계는 사람들의 만남에 의해 지속되고 깊어진다. 나는 지금 좋은 사람들과 물리학을 공부하고 있다는 자체가 행복하다. 취미로 글을 쓰고 그림을 그릴 수 있는 것도 좋다. 앞으로도 행복한 물리학을 연구하는 데 정진하고 싶다.

    2016년에 나의 연구 인생에서 아주 중요한 논문을 발표했다. 국제학술지 〈네이처 커뮤니케이션Nature Communication〉에 투고하기 위해 거의 일 년 동안 논문을 수정·보완했는데, 마침내 발표가 결정된 것이다.

    그날 밤 집에 들어가 소파에 앉아 있는데, 나도 모르게 눈물이 나왔다. 이 잡지에 논문을 싣는다는 것은 과학자로서 최고의 목표이기 때문이다. 물론 그만큼 어렵다. 일본에서 돌아왔을 때도 몇 번이나 시도를 했으나 모두 실패했다. 그럴 때마다 '역시 나는 안 되는 걸까' 하는 생각도 많이 했다. 하지만 언제나 '그래, 이번이 마지막이다'라는 생각으로 다시 도전했다.

    그렇게 벌써 17년이 흘렀다. 이번에 발표한 논문은 꼬박 7년을 준비했다. 제목은 〈스스로 학습하고 진화하는 강자성 마이크로파 메모리 Adaptive microwave impedance memory effect in a ferromagnetic insulator〉다. 기존의 전기·전류 신호에 의해 구동되는 반도체 트랜지스터가 아닌 마이크로파에 의해 구동되는, 아직까지 구현된 적이 없는 신개념 자성체 메모리를 구현할 수 있는 현상을 발견한 것이다.

이 결과에도 만족하지만, 앞으로는 또 어떤 일을 할지 벌써 머릿속에서 마구 떠오르고 있다. 나는 이번에 발표한 기술을 이용해서, 피를 뽑지 않고 혈당을 측정하는 방법을 연구할 것이다. 이건 내가 마이크로파를 연구한 목표이기도 하다. 예전에 잠시 시도했던 적이 있지만, 정권이 바뀌면서 중간에 프로젝트가 중단되어 포기할 수밖에 없었다. 이번에 〈네이처 커뮤니케이션〉에 발표한 논문을 핵심 기술로 이용해서 장치를 개발할 수 있을 것이다. 이제는 건강한 삶에 도움이 되는 연구를 하고 싶다.

자, 다시 시작이다!

부록
쉬운 용어 사전

ㄱ

가속도
시간에 대한 속도의 변화를 나타내는 벡터량. 즉 단위시간 동안 속도가 얼마나 변했는지를 알려주는 값이다. 만약 속도가 변화하지 않았다면 가속도는 0이다. 가속도가 0인 운동을 등속도 운동이라고도 부른다.

개기일식
달이 태양을 완전히 가려서 낮인데도 밤처럼 어두워지는 현상. 태양과 지구 사이에 달이 들어오면서 달의 그림자 속으로 태양이 들어간다. 자주 발생하는 현상은 아니며, 전 세계적으로 약 2년에 한 번 정도 일어난다.

관성
물체가 처음의 운동 상태를 유지하려는 성질. 외부로부터 아무런 힘이 작용하지 않을 때 정지해 있는 물체는 정지 상태를 계속 유지하려고 하고, 운동하

고 있는 물체는 계속 등속 직선 운동을 하려는 성질이 있다.

가 걸을 수 있는 것이다.

ㄴ

뉴턴 제3법칙(작용 반작용 법칙)
한 물체가 다른 물체에 힘을 가하면, 다른 물체도 크기가 같고 방향이 반대인 힘을 가한다는 법칙. 예를 들면, 사람이 발로 땅에 힘을 가하면 땅도 같은 힘으로 사람을 밀어낸다. 그래서 우리

ㄷ

대류
열이 전달되는 방법의 하나. 액체나 기체가 부분적으로 가열될 때, 데워진 것이 위로 올라가고 차가워진 것이 아래로 내려오면서 순환을 통해 전체적으로 열이 전달되는 현상을 말한다.

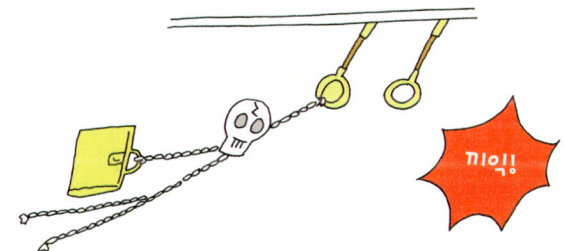

ㄹ

라디오파, 마이크로파

라디오파는 파장이 1미터보다 긴 모든 파장을 말한다. 주로 라디오 방송이나 텔레비전 방송 등에 쓰인다. 마이크로파는 파장이 적외선보다 짧으며 파장이 1밀리미터에서 1미터 사이인 전파다. 레이더, 무선통신, 전자레인지에 사용된다.

ㅁ

무게

질량을 가진 물체를 지구의 중력이 끌어당기는 힘. 물체가 사람이라면, 몸무게에 해당하는 값이다.

무중력

중력이 없는 상태 또는 중력을 측정할 수 없을 정도로 작은 상태를 말한다. 만약 번지점프를 한다면 그 순간에는 우리의 몸이 무게를 느끼지 않게 된

다. 실제로 무중력은 아니지만 중력을 느끼지 못하는 상태는 무중력 효과라고 부른다. 이 상태에서 물체의 무게는 0이다.

물리
사물의 본질적인 이치. 궁극적으로는 세상이 움직이는 원리를 말하기도 한다.

물리학
사물의 본질을 연구하는 학문. 18세기까지는 자연철학을 의미했지만, 19세기에 들어서면서 과학에 포함된 하나의 학문 분야로 발전했다.

밀도
물질의 질량을 부피로 나눈 값. 형체가 있는 모든 물질은 고유한 밀도를 가진다. 간단히 말하자면, 일정한 면적 안에 얼마나 분자들이 빽빽하게 모여 있는지를 측정한 값이다. 기체보다는 액체, 액체보다는 고체의 밀도가 크다.

ㅂ

벡터 vector
크기와 방향을 동시에 포함하는 물리량. 방향이 있으므로 주로 화살표로 표시한다. 힘, 속도, 가속도 등이 벡터량에 해당된다.

부력
물이나 공기 같은 유체 속에 잠겨 있는 물체에 중력과는 반대 방향으로 작용하는 힘. 그리스의 철학자 아르키메데스가 부력의 크기가 물체의 부피에 해당하는 유체의 무게와 같다는 사실을 처음으로 알아냈다.

부피
입체를 가진 물질이나 물체가 차지하는 공간의 크기.

분자, 원자, 전자
분자는 어떤 물질을 계속해서 쪼갤 때 그 물질이 가지고 있는 고유한 성격을 잃어버리지 않는 최소 단위의 입자다.

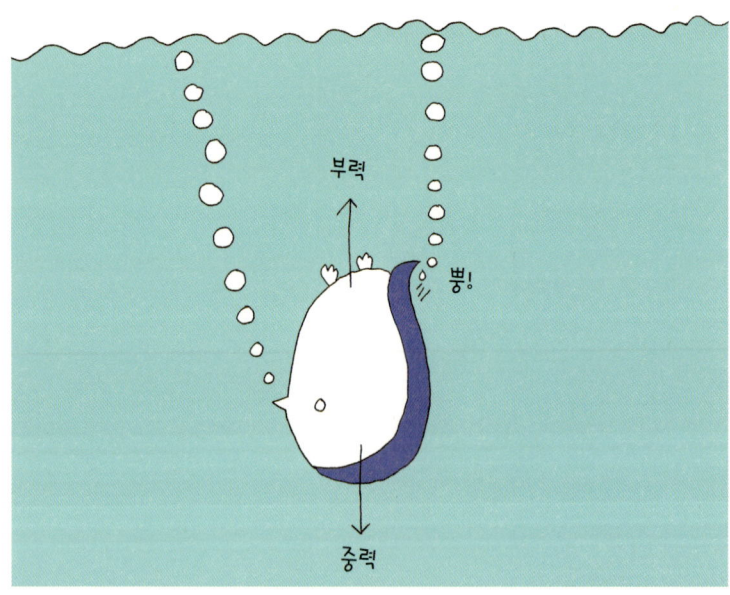

원자는 물질을 구성하는 기본적인 단위로, 원자핵과 원자핵을 둘러싼 전자로 구성되어 있다. 원자핵은 양(+)의 전기를 띠고 있는 양성자, 그리고 전기를 띠지 않는 중성자로 되어 있으며 원자핵 주위를 돌고 있는 전자는 음(-)의 전기를 띠고 있다.

비열
어떤 물질 1그램의 온도를 섭씨 1도 높이는 데 필요한 열량. 물 1킬로그램의 온도를 1도 올리는 데 필요한 열량은 1칼로리이므로 물의 비열은 1이다.

ㅅ

속도
물체가 시간에 따라 얼마나 빨리 움직이는지를 나타낸다. 빠르기의 크기와 방향이 있으므로 벡터량에 해당한다.

속력
속도를 만드는 힘의 크기. 단위시간 동

안 얼마나 긴 거리를 이동했는지를 나타낸다. 속력은 방향이 없는 스칼라량이다.

스칼라 scalar
크기만 있고 방향 성분이 없는 물리량. 질량, 에너지, 밀도 등이 있다.

압력
단위면적에 미치는 힘. 압력은 물체와 접촉면 사이에 수직으로 작용한다. 압력을 가하면 부피가 줄어들고, 밀도가 늘어난다.

에너지
물체가 할 수 있는 일의 양, 즉 일할 수 있는 능력을 말한다. 역학적 에너지에는 대표적으로 위치에너지와 운동에너지가 있고, 이 에너지는 서로 변환이 가능하다. 그 밖에도 열에너지, 소리에너지, 빛에너지 등 수많은 형태의 에너

지가 존재한다.

엑스레이(엑스선)

독일의 물리학자 빌헬름 뢴트겐이 발견한 빛. 투과력이 강한 전자기파로, 빠른 전자를 금속에 충돌시킬 때 발생하는 복사선이다. 지금은 주로 물체의 내부 구조를 살피는 데 사용한다.

연소(완전 연소, 불완전 연소)

연소는 물질이 산소와 결합해서 열과 빛을 내며 타는 반응이다. 물질이 연소할 때 산소의 공급이 불충분하거나 타는 온도가 낮으면 그을음이나 일산화탄소가 생기면서 완전히 연소되지 못한다. 이것을 불완전 연소라고 한다. 자동차 연료가 불완전 연소하면 배기가스로 그을음, 일산화탄소, 탄화수소를 배출하게 된다.

열복사

물질이 열에너지에 의해 들뜨면서 표면에서 전자기파가 방출되는 현상. 이때

열복사에너지는 물체의 종류와 온도에 따라서 결정된다. 온도가 높아질수록 물체는 적색에서 백색으로 변한다.

열전도

물체 간의 직접적인 접촉을 통해 열이 전달되는 것. 단위시간에 전도되는 열의 양은 두 물체의 온도 차 및 두 물체가 접촉한 단면적에 비례하고, 물체 간 거리에 반비례한다. 이 법칙을 푸리에 법칙 Fourier's law(열전도 제1법칙)이라고 부른다.

열효율

공급되는 열에너지에 대해 결과적으로 한 일의 비율. 어떤 열기관이 100이라는 에너지를 받아 일을 50만큼 했다면 이 열기관의 열효율은 50퍼센트다. 모든 기관의 열효율은 1보다 작다.

오존층

지구의 대기권에서 오존이 집중되어 있는 층. 지표면에서 약 15~50킬로미

터 상공의 성층권에 있다. 오존층은 태양에서 오는 자외선을 흡수해서 생명체에 유해한 자외선을 차단해주는 역할을 한다.

온실가스

지구 표면에서 적외선을 흡수함으로써 온실 효과를 일으키는 기체. 이 중 대표적인 여섯 가지는 이산화탄소, 메탄, 아산화질소, 수소불화탄소, 과불화탄소, 육불화황이다.

온실 효과

지구의 대기에 포함된 기체들이 태양의 빛에너지는 통과시키고 열이 밖으로 빠져나가는 것은 차단해, 마치 온실의 유리처럼 작용하는 효과. 온실 효과는 지구의 온도를 유지하는 중요한 기능이지만, 지구상에서 배출하는 이산화탄소의 양이 증가하면서 평균 온도가 점점 올라가 지구 온난화 현상을 일으키고 있다. 지구 온난화 현상은 전

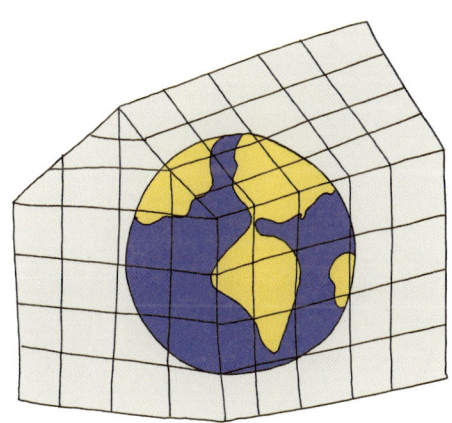

지구적 차원에서 심각한 문제다.

원심력

물체가 원운동을 할 때, 원의 중심에서 멀어지려고 하는 힘. 구심력은 반대로 원의 중심으로 모이는 힘이다. 예를 들면 버스가 코너를 돌 때 안에 있는 사람이 코너 바깥쪽으로 밀려나는 느낌을 받는 것이 원심력이다.

이론물리학, 실험물리학

계측기나 기구를 통해 실험을 하는 물리학 분야를 실험물리학이라고 한다. 반면 수학이라는 틀을 통해 물리학을 연구하는 분야는 이론물리학이라고 한다.

인력

두 물체가 서로 끌어당기는 힘. 서로 배척하는 힘은 척력이라고 한다. 뉴턴이 발견한 만유인력은 우주 상에서 질량을 가진 모든 물체가 서로 끌어당기는 힘으로, 두 물체의 질량의 크기에

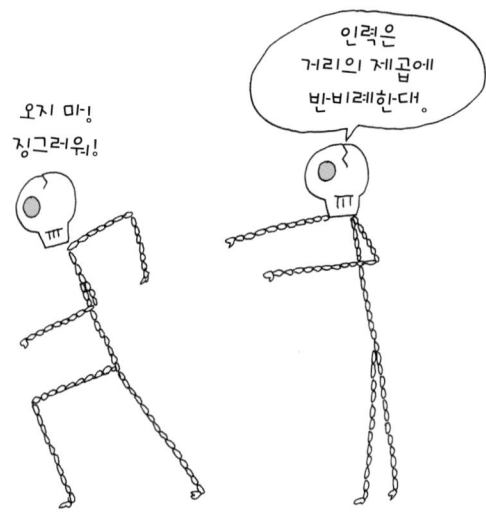

비례하고 두 물체 사이의 거리의 제곱에 반비례한다. 전기와 자기에도 인력과 척력이 존재하고, 분자·원자·소립자 사이에도 존재한다.

ㅈ

자유낙하

정지해 있는 물체가 지표면을 향해 떨어지는 운동. 일정 높이에서 정지한 물체를 놓으면 중력의 힘 때문에 아래로 낙하한다. 처음 상태는 위치에 대한 에너지만을 가지고 있지만, 낙하하면서 위치에너지가 운동에너지로 변환되고 속도가 커진다.

저항

물체가 움직이는 반대 방향으로 작용하는 힘. 전류가 흐를 때나 물체가 공기 속을 움직일 때 저항이 발생한다.

적외선, 자외선, 가시광선

가시광선은 인간의 눈으로 볼 수 있는

파장의 빛이고, 적외선은 태양의 및을 프리즘으로 분산시켰을 때 가시광선의 빨간색보다 파장이 긴 빛이다. 빨간색 근처의 적외선을 근적외선, 파장이 좀 더 길어 마이크로파에 가까운 파장을 원적외선으로 구분한다. 자외선은 보라색보다 파장이 더 짧은 빛을 말한다. 사람의 피부를 태우고 살균 작용을 하는데, 대부분의 자외선은 일반 유리를 통과하지 못한다.

전파

전기장과 자기장이 결합되어 사인파 형태로 진동하며 진행하는 파동. 통신의 기본적인 원리다. 파장이 짧은 전파일수록 많은 정보를 실어 전달할 수 있다. 주파수나 전파 방법에 의해 직파, 공중파, 지상파 등 여러 종류로 구분된다.

전하

전기적 성질을 띤 입자로, 모든 전기적 현상의 근원이 된다. 전하에는 양전하

(+)와 음전하(-)가 있으며, 흔히 말하는 전류는 시간에 따라 도선에 전하가 얼마나 많이 흐르는지로 정의된다.

전해질

용매에 녹아 전하를 띤 입자(이온)로 분리되면서 전류가 흐르게 해주는 물질. 전해질 용액에 전극을 통해 전압을 걸면 양이온과 음이온이 전하를 운반하고 전류가 흐른다. 수용액 중에서 전부 해리되는 것을 강전해질, 일부만 해리되는 것을 약전해질이라고 한다.

중력

지구가 물체를 당기는 힘. 중력의 방향은 지구 중심을 향하고, 중력의 크기는 물체의 질량이 크고 물체가 지구에 가까울수록 커진다. 따라서 물체가 적도에 가까울수록 중력이 작아진다. 중력이 작용하는 공간은 중력장이라고 부른다.

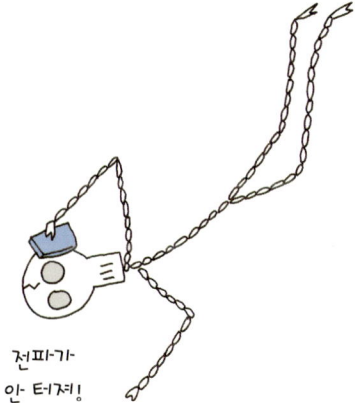

증발

액체의 표면에서 일어나는 현상으로, 외부에서 열 등의 에너지를 받으면서 분자 사이의 힘이 끊어지고 액체가 기체로 변하는 것이다. 고체가 액체를 거치지 않고 바로 기체로 변화하는 것은 승화라고 한다.

진공

어떤 물질도 존재하지 않는 공간. 하지만 실제로 완전한 진공은 만들기가 아주 어렵고, 일반적으로는 매우 저압인 상태를 가리킨다.

진동수

진동 운동을 하고 있는 물체나 파동이 단위시간 동안 얼마나 많은 반복 운동을 하는지를 말한다. 음파에서 진동수는 소리의 높낮이를 의미하는데, 진동수가 클수록, 즉 더 빠르게 진동할수록 더 높은 소리가 난다.

질량

장소나 상태를 바꿔도 달라지지 않는 물질의 고유한 양을 의미한다. 무게를 결정짓는 물질의 양이다. 그러나 질량과 달리 무게는 중력이 다른 장소에서는 다르게 나타난다.

리는 데 필요한 열의 양을 말한다. 1칼로리는 1cal로 쓴다. 흔히 우리가 다이어트를 할 때 생각하는 칼로리는 1cal의 1,000배에 해당하는 1킬로칼로리(1kcal)다. 일반적으로는 줄여서 칼로리라고 부른다.

ㅋ

칼로리(열량)

물 1그램에 열을 가하여 온도를 1도 올

ㅍ

플라스마 상태

물질은 보통 고체, 액체, 기체의 세 가

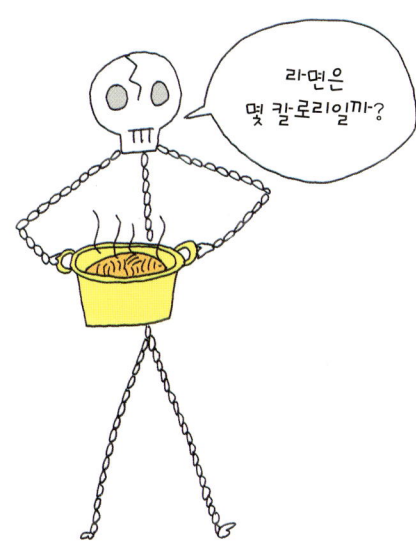

지 형태로 존재하는데, 기체가 열 등의 큰 에너지를 받으면 이온화되어 전기적으로 중성을 띠는 플라스마 상태가 된다. 흔히 '제4의 물질 상태'라고 부르기도 한다.

물체의 속도, 운동 방향, 형태를 바꿀 수 있다. 힘의 물리량은 방향과 크기를 가진 벡터량이며, 힘의 크기는 가속도와 질량의 곱으로 나타낸다.

ㅎ

힘

물체에 힘이 가해지면 운동의 변화가 일어난다. 힘은 물체를 움직이게 하고

하루하루의
물리학
ⓒ 이기진

2017년 6월 21일 초판 1쇄 발행
2020년 1월 20일 초판 3쇄 발행

지은이 | 이기진
발행인 | 윤호권
책임편집 | 최안나
책임마케팅 | 문무현

발행처 | (주)시공사
출판등록 | 1989년 5월 10일 (제3-248호)

주소 | 서울시 서초구 사임당로 82 (우편번호 06641)
전화 | 편집 (02)2046-2861 · 마케팅 (02)2046-2894
팩스 | 편집 · 마케팅 (02)585-1755
홈페이지 | www.sigongsa.com

ISBN 978-89-527-7881-9 03400

본서의 내용을 무단 복제하는 것은 저작권법에 의해 금지되어 있습니다.
파본이나 잘못된 책은 구입한 서점에서 교환해 드립니다.